쿠팡에서 자재 사고 인스타로 목수 찾고

전원주택
직영공사
성공기

Contents

Chapter #3 시공하기

Chapter #4 인테리어 공사

Chapter #5 조경 공사

"아빠, 옛날에 비트코인 안 사고 뭐 했어?"

비트코인(Bitcoin)은 지폐나 동전과 같이 실물이 없는 디지털 화폐의 한 종류이다. 2017년 말, 비트코인 가격이 크게 오르며 일부 투자자들이 로또보다 더 큰 수익을 냈다는 소식이 들렸다. 개천에서 용 나는 시절이 끝났다는 대한민국에서, 개천에서 용이 나는 이례적인 상황이었다.

한순간에 일확천금을 버는 사람들을 보면서 사람들은 '아무것도 투자하지 않고 있다가 돈을 크게 버는 기회를 놓치는 것에 대한 공포감'을 느끼게 된다. 이를 '포모증후군(FOMO : Fear Of Missing Out)'이라고 한다. 나 역시 포모증후군을 극복하기 위해 부의 추월차선이라 불리는 비트코인에 밤을 새우며 투자했지만, 허탈하게도 최종수익은 단돈 5만원이었다. 일주일에 5만원을 벌기 위해 스마트폰을 온종일 붙들고 초조하게 거래창만 바라봤던 나 자신이 한심하게 느껴졌다.

그러던 2021년 어느 날, 비트코인 가격이 급격하게 상승했고 뉴스와 온라인 커뮤니티는 다시 비트코인 투자 열풍으로 가득 찼다. 우연히 관련 기사의 댓글을 보다가 나의 시선을 사로잡은 대목이 있었다.

↪ 오늘 초등학생 아이가 "아빠, 옛날에 비트코인 안 사고 뭐 했어?"라고 물어보더군요. 순간 할 말을 잃었네요.

내 아이가 같은 질문을 내게 던졌을 때 나는 저 댓글의 부모처럼 할 말을 잃을 것인지, 할 말이 있어 대답할 것인지 모든 결정은 내게 달렸다. 돈이 세상 전부가 아니고, 돈이 많다고 모두가 행복하게 사는 게 아니라는 것도 알고 있다. 그렇다고 "돈은 행복의 전제 조건이 아니기 때문에 아빠는 돈을 크게 벌지 않았다"라고 체면 구기게 말할 수도 없다. 고민 끝에 내린 결론은, 아이의 머릿속에 저런 질문이 떠오르지 않을 정도로 돈을 버는 것이었다. 많이는 아니라도 저런 궁금증이 생기지 않을 정도로는 벌자고 말이다.

이런 개인적인 이유에서 나는 집을 짓는 일을 하기 시작했다. 누구나 가장으로서 가족의 인정을 받고 싶고 가족이 원하는 것을 해주고 싶어 한다. 네이버 스마트 스토어 창업도 해보고 해외주식도 해봤지만, 그 어느 것도 아이의 저 질문을 막을 수 없을 것 같았다. 급한 마음에 부동산으로 투자 방향을 돌렸다. 여러 지역을 돌아다니다 우연히 전원주택 지역을 임장하게 되었고, 집을 지어 파는 주택 신축 판매 사업을 알게 되었다. 평소에 관심이 있던 건축설계와 인테리어 디자인을 접목해 전원주택을 짓는다면 좋아하는 분야의 일이기도 하고 돈까지 벌 수 있어 매력적이라고 판단했다. 그렇게 나는 아이 입에서 "비트코인 안 사고 뭐 했어?"라는 질문이 나오지 않도록 최선을 다해 집을 지어 돈을 벌기로 결심했다.

내가 집을 짓게 된 이유

내가 하루아침에 돈을 벌기 위해 집을 짓겠다고 결심한 것은 아니다. 아파트 인테리어 공사를 진행하면서 큰 재미를 느꼈고 이 매력적인 일을 어떻게 계속할 수 있을지 고민하다 보니, 실내 건축업의 영역을 넘어 주택 신축이라는 확장된 영역까지 관심을 가지게 된 것이다.

집을 짓는다는 것은 어떤 의미일까? 누군가는 돈을 벌기 위해 집을 지을 수 있고, 누군가는 자기가 살 집을 위해 집을 지을 수 있다. 하지만 내게 집 짓기는 단순히 돈을 벌기 위한 활동이 아닌 내가 직접 설계하고 디자인한 건축물이 현실에 그대로 구현되는 창작활동에 더 가까웠다. 아이가 놀이터에 가면 시간 가는 줄 모르고 신나게 놀 듯이 나도 건축 현장에 가면 늘 설레고 흥분되었다. 건축물의 벽체를 거푸집과 철근으로 세우고 펌프카로 콘크리트 타설하는 역동적인 모습, 작업자들의 긴장된 표정 하나하나가 내게는 그 어느 영화의 장면보다 인상 깊고 감동적이었다.

누군가는 "재미만으로 집을 지을 수 있나?"며 반박할 수 있다. 이 질문에 나는 "누구나 지을 수 있고, 누구나 재미있게 집을 지을 수 있다"고 자신 있게 답할 수 있다. 법륜 스님의 이야기 중 인상 깊게 들었던 대목이 있다. '돈을 받고 일하면 노동이고 돈을 받지 않고 일하면 봉사'라는 말이다. 사무직으로 근무하는 회사원은 힘든 육체적 노동은 없지만, 누군가 일을 많이 시키면 스트레스를 받고 심적 부담이 커진다. 연탄 나르기 같은 봉사활동에 가서 일하면 아무리 일이 많고 힘들어도 마음은 힘들지 않다. 육체적인 일이 더 힘들어 보이지만 돈을 떠나 봉사하는 마음으로 일을 하면 마음이 힘들지 않다는 말이다. 집을 짓는 것도 마찬가지다. 누가 나에게 돈을 주고 집 짓기를 시킨 것이 아니다. 스스로 생각하고 결정해서 원하는 집을 짓는 것이기 때문에 마음먹기에 따라 집을 재미있게 지을 수도, 힘들게 지을 수도 있다는 말이다.

어릴 적 레고를 한번 시작하면 블록을 기초판 위에 쌓으며 온종일 시간 가는 줄 모르고 놀았다. 집이 세워질 땅을 레고 장난감의 기초판과 똑같다고 생각해 보자. 그 위에서 내가 원하는 모든 것을 할 수 있다. 줄자를 사용해 평면도에 반영할 공간 수치도 재어 보고, 방의 위치를 임시로 정해 직접 동선을 따라 걸어보기도 한다. 그런 멋지고 즐거운 상상을 하며 집 짓기에 임한다면, 충분히 재밌는 놀이가 될 것이다.

임야

전원주택

레고판 위에 블록을 쌓는 것과 같은 집 짓기

지금은 직영공사를 하기 가장 좋은 시대

누구나 한 번쯤 자기 집을 직접 지어보는 상상을 한다. 하지만 막상 실행으로 옮기려면 현실적인 어려움이 너무 크다. 건축에 대해 이론적으로 잘 안다고 할지라도 비용과 인력, 시간 등 고려해야 할 항목들이 너무 많다. 결국 대다수가 전문 시공업체에 맡기는 것이 더 합리적이라고 생각하며 직영공사를 포기하고 만다.

그런데 건축 시장이 이전과 달라졌다. 유튜브, 인스타그램, 네이버 블로그, 카페 등 다양한 매체를 통해 지식공유가 가능하고, 일반인들이 쉽게 집을 지을 수 있게 도와주는 디지털 플랫폼이 대거 등장했다. 이전에는 쉽게 찾아볼 수 없었던 집짓기 전반의 최신 정보들이 대중들에게 실시간으로 공유되고 있다. 아파트의 경우도 셀프 인테리어가 하나의 트렌드로 자리 잡으며, 그 니즈도 폭발적으로 늘어나고 있다.

내가 시공업자를 일일이 찾아 집을 지을 수 있었던 것도 바로 디지털 플랫폼 덕분이다. 먼저 유튜브로 자재와 시공법에 대한 정보를 얻고, 작업자는 인스타그램을 통해 찾았다. 그렇게 찾은 이들의 실력이 좋으면 그들에게 다른 공정의 시공업자를 또 추천받기도 했다. 실력자는 다른 실력자를 알아보듯이 소개받은 이들의 솜씨도 대부분 만족스러웠다.

전문가 중개 플랫폼을 통해 1분 만에 입주청소업자를 소개받고, 인스타그램으로 목수에게 DM(Direct Message)을 보내고, 네이버 블로그에 댓글을 달아 골조공사업자를 구했다. 그리고 골조공사를 맡아준 이가 설비시공업자도 소개해 주었다.

이러한 현상을 '디지털 플랫폼의 긍정적인 네트워크 효과'라고 말한다. 공급자(건축업자)와 수요자(건축주)가 플랫폼 안에서 잦은 거래를 일으킬수록 양쪽의 가치가 상승하게 된다. 결국 디지털 플랫폼 사업자, 공급자, 수요자 모두가 원하는 것을 제공하고 받는 윈윈(Win-Win) 상황이다.

설계와 디자인의 콘셉트를 정할 때도 인터넷의 수많은 자료를 참고하며 내 취향을 설정해 갔다. 자주 가는 스타벅스의 이미지를 집에 구현해 보고 싶었다. 스타벅스는 인테리어도 멋지지만, 외관 역시 세련되고 중후한 매력이 있다. 스타벅스에 사용한 외장재와 비슷한 자재를 찾아 내가 짓는 집에 접목했다. 디지털 플랫폼이 없었다면, 나는 직영공사를 택할 수 없었을 것이다. 그리고 흔히 말하는 집 짓고 10년 늙어버린, 많은 건축주 중 하나가 되었을지도 모른다.

모두의 집이 아닌 나만의 집을 원하는 시대

집이 과거에는 거주를 위한 공간에 국한되었다면, 지금은 거주자의 라이프스타일을 좌우하는 공간으로 인식이 달라졌다. '홈쿡(집에서 요리), 홈트(홈 트레이닝), 홈루덴스족(집+놀이)' 등 신조어들이 생겨나고 나만의 개성을 살린 DIY 인테리어가 큰 인기를 끌고 있다. 이러한 변화는 집을 보는 시각 자체가 한 차원 넓어진 것이라고 해석할 수 있다. 트렌드 모니터 조사에 의하면 2020년 우리가 집에서 보낸 시간은 하루 14시간으로 2015년 12시간에서 25%나 늘었다.

코로나19의 영향도 있겠지만 점점 개인화되는 사회 속에서 '혼밥, 집콕, 홈쿡' 트렌드는 자연스러운 결과다. 북유럽 조명, 미니멀리즘 인테리어, 유럽식 창호 등 집이라는 공간을 꾸미고 연출하는 기회도 더 많아졌다. 자연스럽게 사람들은 자신의 취향을 반영한 놀이와 재미의 공간으로 집을 보고 있다.

이제 집 짓기는 건설업자만이 아닌 누구나 할 수 있는 영역으로 진입장벽이 내려갈 것이다. 직영공사는 모든 요소를 자신이 원하는 대로 정할 수 있다. 나의 취향대로 벽돌로 외벽을 쌓고, 검정 기와로 지붕을 덮고, 부엌 상판을 세라믹 소재로 결정할 수 있다. 이 글을 쓰는 이유도 집 짓기가 대단하고 어려운 게 아니고 누구나 관심과 시간을 투자한다면 가능하다는 사실을 알려주기 위함에 있다.

집 짓기는 땅을 파서 기초 콘크리트를 타설하고 철근을 배근하는 것만이 아니다. 양면테이프로 플라스틱 문고리를 벽에 붙여, 내가 큰 만족감을 얻으면 그것도 집 짓기의 시작이다. 집이 단순히 생활을 위한 공간을 넘어 자신만의 라이프스타일을 접목한 디자인 영역으로 여겨지면서 셀프 인테리어가 셀프 집짓기로 점차 확장된다.

집이라는 공간에 대해서 사람들이 관심이 높아질수록 우리나라의 셀프 집 짓기 및 셀프 인테리어의 영역은 나날이 발전할 것이다. 장기적으로 기업은 더 많은 DIY 제품을 개발하고 시공업자들은 최신 공법과 자재를 사용해서 많은 사람들이 집을 안심하고 손쉽게 지을 수 있는, 선순환 셀프 건축 생태계를 구축하면 좋겠다. 나는 이런 생태계가 빨리 구축되는 데 조금이라도 기여하고자 직접 경험한 집 짓기 지식을 공유하고자 한다. 이 책을 통해 많은 사람이 모두의 집이 아닌 나만의 집을, 큰 고생하지 않고 즐겁게 지을 수 있기를 바란다.

Chapter #1

집 지을 땅 찾기

집 지을 땅 찾기

집 짓기의 출발, 아파트 인테리어

주택 신축을 시작하기 전 나는 새로 이사 갈 집 인테리어를 바쁘게 준비하고 있었다. 평소 건축 디자인과 설계에 관심이 많았던 나는 유튜브로 배운 3D 모델링 프로그램으로 새집 공간을 가상으로 모델링해 조명의 조도를 확인하고, 원하는 타일도 붙여 보는 등 공부에 전념하고 있었다. 어느 날, 인스타그램을 통해 우연히 인테리어 교육 수강생을 모집하는 한 회사의 광고를 보게 되었다. 순간 머릿속에 '이 강의를 듣게 되면 인테리어 회사의 도움으로 새집의 인테리어를 잘할 수 있지 않을까?'라는 생각이 들었다. 결국 수강 등록을 하고 3개월간의 과정을 수료한 후, 계획대로 교육을 제공한 회사 대표를 찾아 도움을 요청했다.

한 인테리어 업체의 디자인스쿨 온라인 플랫폼

나 : 대표님, 이사 갈 집에 인테리어 공사를 할 예정입니다.

　혹시 도움을 주실 수 있을까요?

대표님 : 그럼요~. 이번에 교육을 들으셨으니 제가 아는 현장소장님을 소개시켜 드릴
　게요. 직영으로 공사해 보는 건 어떠세요?

처음에는 한 번도 해보지 않은 일이라 고민이 많았다. 하지만, 처음이자 마지막 인테리어 공사가 될 수도 있다는 생각에 그의 제안을 과감히 받아들이기로 했다. 며칠 뒤 소개받은 현장소장님과 통화를 나누고, 그분이 직접 공사를 마친 최근 현장을 답사하기로 했다.

"집주인이 원하는 건 모두 가능합니다."

전화기 너머 현장소장님의 자신감 있는 목소리와 긍정적 마인드가 마음에 들었다. 직접 만나보니 30년 경력의 베테랑이었다. 함께 일하는 부소장님은 청소부터 문고리, 경첩, 욕실 설비까지 다양한 능력을 보유한 전문가로 보였다. 서로 간단하게 인사를 나눈 뒤 현장에 시공된 가구와 구조를 보고 다음에는 우리 집 현장으로 약속을 잡았다. 이후 공사는 순조롭게 진행됐다. 대개 인테리어 직영공사는 단독주택 신축공사와 마찬가지로 찾아야 할 시공업자가 많고 실력도 알지 못하기에 변수가 큰 편이다. 하지만, 내 경우는 현장소장님이 30년을 함께 한 A급 시공팀이 있었기에 큰 어려움 없이 공사를 마칠 수 있었다. 물론 그 과정에는 집주인으로서 내가 책임지고 해야 할 일이 분명히 있었다. 나는 인테리어 설계도면을 작성하고 가상의 3D 모델링을 통해 타일, 마루, 가구, 벽지, 가벽 등을 구현한 시각 자료를 출력해서 작업자들과 공유했다. 어떤

구조와 형태, 어떤 자재로 인테리어 디자인이 마감될 것인지를 정확하게 알려주었다. 그리고 창 유리에 설계도면을 붙여 작업자들이 지나다니면서 시공 범위와 작업 내역을 실시간으로 확인할 수 있도록 했다. 인테리어에 투입되는 자재들은 온오프라인 채널을 통해 직접 구매해 현장에 조달했다. 목공, 타일, 도배, 도장, 전기 등 공사를 진행해가며, 실제로 집이 어떻게 바뀌는지 두 눈으로 보니 너무 신기했다. 이후에는 아는 만큼 보인다고, 지인 집이나 카페 등을 가면 간접조명, 무몰딩, 무문선, 실리콘 마감 등이 눈에 보이기 시작했다.

3D 모델링 화면

구현된 인테리어 현장

유리창에 설계도면과 3D 모델링 사진을 부착한 모습

도장시공을 제외하고 모든 공사 과정에 하루도 빠지지 않고 참여했다. 덕분에 현장에서 일어나는 모든 일에 대해 집주인으로서 즉각적인 피드백과 커뮤니케이션이 가능했다. 전기공사를 하다 스위치 제품이 부족해 다른 모델로 바꾸고자 할 때도 빠른 의사결정으로 작업을 재개할 수 있었다. 설계 변경이 필요한 일이 있으면 사전에 협의해서 한 번에 일을 끝낼 수 있도록 했다. 작업자들도 시공에 대한 책임이 있어 일을 게을리하지 않지만, 직영공사의 근본적인 책임은 집주인에게 있다. 설계와 디자인의 목적과 그 방향성을 집주인이 명확하게 현장에 전달해야 마감의 완성도를 높일 수 있다.

거실과 주방 _ 간접조명을 설치하고 화이트 페인팅으로 마감한 거실과 주방. 갤러리 같은 조명으로 집 분위기를 살리기 위해서는 벽지가 아닌 도장 마감을 추천한다.

아이방, 드레스룸, 화장실 _ 드레스룸은 시원한 숲속 느낌으로 나무 소재의 조명과 의자를 배치했다. 화장실은 펜던트 조명으로 분위기를 만들고 방은 수입 벽지로 포인트를 주었다.

안방 침실공간과 서재 겸 작업공간 _ 침실 겸 부부의 서재를 한 공간에 넣기 위해 많은 고민이 있었다.

부동산 투자를 알아보다 신축에 꽂히다

아파트 인테리어 공사가 끝날 무렵, 자주 다니던 동네 부동산중개소로 땅이나 상가 투자를 알아보러 방문했다. 사실 중개소는 직접 살 아파트를 구할 때나 가보았던 터라, 첫 방문은 조금 떨리기도 했다. 인터넷 지도에 미리 가볼 사무소를 즐겨찾기 해두고, 남쪽에 위치한 사무소부터 북쪽 방향으로 차례대로 들어가 보기로 했다.

나 : 도로 주변에 상가 지을 땅이 있나요?

중개업자 : 요즘 도로 주변 땅값이 다 오르고, 나온 땅도 없어요. 주변에 호텔 괜찮은 거 좀 있는데 관심 있어요?

방문하는 곳마다 땅이 없다고 했다. 그런데 한 부동산에서 좋은 호텔 매물이 있다고 소개했고, 원래 관심은 없는 분야였지만 궁금증이 일어 매물을 보러 가기로 했다. 호텔업은 어떻게 돈을 버는지 궁금하기도 했다. 중개소 사장님은 매물을 보러 가기 전, 이 동네 숙박시설의 70~80%를 계약시킨 전문 중개인이 있다며 그와의 미팅을 먼저 제안했다. 살짝 의심도 갔지만, 속는 셈 치고 만나보기로 했다. 차를 타고 10분 정도 이동해 호텔 매물 전문가를 만났고, 시장의 속사정을 들을 수 있었다. 숙박업은 3~5년마다 리모델링으로 가치를 상승시켜 감가상각을 상쇄해야 하는 업종으로 소득의 일부를 리모델링 비용으로 따로 저축해야 했다. 제일 어렵다고 느낀 점은 영업매출을 꾸준히 유지하기 위해서 내부 인력 관리는 기본이고 손님 관리를 위한 서비스와 마케팅이 필요하다는 것이었다. 게다가 호텔

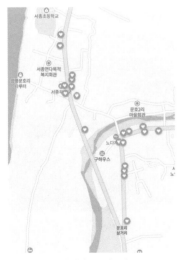

투자를 위해 찾아다닌 부동산중개소들

을 인수하면 주인이 직접 24시간 경영을 해야 했다. 당시 나온 매물들은 리모델링이 막 끝났거나 리모델링이 필요한 호텔들이었다. 전문가를 만나고 이야기를 들어 보니 숙박업도 쉽지 않겠다는 생각이 들었다. 그동안 무지했던 분야에 대해 상식적으로 공부했다고 생각하고 다른 부동산으로 발길을 돌렸다.

나 : 도로 주변에 상가 지을 땅이 있나요?

중개업자 : 이 동네는 80~90%가 주택 거래입니다.

혹시 주택을 신축할 땅은 어떠신가요?

그는 나에게 주택을 신축할 수 있는 땅을 소개했다. 인테리어 공사를 하면서 건축업에 관심이 많았던 상황이라 그의 제안에 머리보다 마음이 먼저 움직였다. 관심을 보이고 땅을 소개해 달라고 했다. 부동산 투자로 시작된 여정이 주택 신축으로 바뀌는 순간이었다. 그렇게 중개업자와 집 지을 땅을 찾는 여정에 올라탔다.

단기간에 최대의 수익과 목표를 성취하기 위해 모든 방법과 수단을 가리지 않는 나 자신을 보며, 인간은 본능을 자극하는 동기가 있어야 절실함을 갖고 행동하는 것을 느꼈다. 무언가를 얻기 위해 필사적으로 노력했던 때가 대학원을 진학할 당시였다. 군대 시절 나는 시한부 선고를 받은 컴퓨터공학과 교수 랜디 포시의 저서 『마지막 강의』를 읽고, 큰 감동을 받았다. 대학원에 가서 컴퓨터공학을 공부하고 싶다는 생각이 들었지만, 막상 준비해야 할 것들이 많았다. GRE(Graduate Record Examination) 시험을 외국에서 응시해야 했고, 자기소개 영상을 찍어 제출해야 했다. GRE 점수도 부족하고 학점도 높지 않아 나만이 가진 차별성을 만들어내야 했다. 고민 끝에 비행기 티켓을 결제하고 지원한 대학원을 직접 찾아갔다. 대학원 학과 건물 교실에 들어가 칠판에 내 이름과 지원 전공을 쓰고 셀카를 찍었다. 이 사진과 함께 왜 이 학교가 아니면 안되는지 이유를 표현해 자기소개 영상을 만들어 제출했다. 절실함이 입학 관계자들의 마음에 전해졌는지 지원했던 대학원 중 가장 랭킹이 높은 학교에서 합격통지를 받았다. 안 될 것 같은 일을 가능하게 만드는 노력과 실행은 모든 일의 기본임을 깨달은 순간이었다. 그 일 이후 회사 취업, 네이버 스토어 창업, 주식투자, 암호화폐 투자, 네이버 블로그, 인터넷 강의 등 새로운 영역에 두려움 없이 도전하고 있다. 직영으로 집 짓기에 뛰어든 것 역시 같은 맥락이다.

토지 사용설명서 찾는 법

땅을 찾기 위해 방문한 부동산 지역은 인구 8,000명 규모의 경기도 한 외곽지역이었다. 공인중개사 대표는 종이 한 장을 탁자 위에 올려놓았다. 바로 '지적편집도'였다. 우리가 땅을 살 때 가장 기본적으로 알고 있어야 하는 첫 번째 지식은 '지적편집도에 대한 이해'이다. 지적편집도는 땅 모양이 어떻게 생겼고, 주택을 지을 수 있는 땅인지, 땅의 경계가 어디까지인지, 땅의 면적이 얼마이고 주소가 어디인지를 나타내는 안내서라 볼 수 있다. 네이버 지도나 카카오맵 설정에서 지적편집도를 선택하면 누구나 볼 수 있는 정보이기도 하다. 더 자세히 알고자 하면 국토교통부가 운영하는 웹사이트 '토지이음(www.eum.go.kr)'에 지번을 입력하면 지적도와 함께 토지이용계획도 열람할 수 있다. 이런 자료를 통해 땅의 위치와 모양, 경계선, 그 용도까지 정확히 파악해 토지에 대한 전반적인 정보를 수집하고 인터넷 지도 거리뷰로 사이버 임장을 먼저 해 시간을 많이 절약할 수 있다.

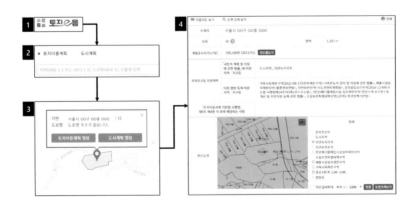

지도를 켜고 키워드 검색 박스에 희망하는 지역명을 치고 찾아보던 중 내가
자주 다니는 곳과 가까운 부동산중개소들을 발견할 수 있었다. 관심 있는 지
역은 인터넷 지도 위에 즐겨찾기하고 토지이용계획을 열람해 지적편집도로
땅의 모양과 면적을 확인한 후, 거리뷰로 도로의 경사도도 따져보았다.

거리뷰는 연도별로 변하는 양상까지 볼 수 있다. 건축 인허가 작업을 하거나
설계를 하는 전문 사무소들도 지형 파악을 위해 거리뷰를 많이 사용한다. 집
을 짓는 땅을 매입할 때는 개인의 취향에 따라 입지 선정이 달라지겠지만, 보
편적으로 교통 · 학군 · 생활 편의시설 이용이 우수한 위치가 선호된다. 하지
만 모든 것을 만족하는 땅은 찾기 어렵다. 적당히 사람이 다니고 공사에 애로
점이 없으며, 무엇보다 서류상 문제가 없다면 좋은 땅이라고 생각한다.

네이버 지도 지적편집도/거리뷰   네이버 지도 연도별 거리뷰

내가 잘 아는 땅이 좋다

우리나라가 아무리 작다고 하지만 막상 땅을 찾으려면 어디부터 다녀야 할지 감이 잡히지 않는다. 그래서 잘 아는 땅을 우선 조사하는 것이 맞다. 출퇴근 길에 몇 년 동안 지켜보던 아파트가 있었다. 주변에 편의시설은 충분히 있는 지, 병원은 다양하게 있는지, 회사를 오가는 길에 자연스럽게 파악할 수 있었다. 막연하게 사람들이 좋다는 지역보다는 내가 자주 다니는 지역을 우선순위로 알아보면 부담 없이 임장이 가능하다. 처음부터 익숙하지 않은 지역을 다니려면 정보도 찾아야 하고 시간을 내어 이동해야 하는 부담이 있다.

갑자기 인기를 끄는 지역은 주식의 테마주처럼 트렌드에 민감한 곳일 가능성이 높다. 인기가 많은 곳은 수요가 몰리고 당연히 땅값이 오를 것이다. 하지만 부동산은 결국 땅에서 차익을 내는 구조이기 때문에 이미 소문난 곳은 가격이 최고점을 향해 간 상황일 것이다. 단기간 집중을 받는 지역은 업자들의 거짓된 정보도 경계해야 하므로 고민이 커질 수밖에 없다. 직접 정보를 수집하고 인기가 높은 이유를 알아내기 위해 발품을 팔고 시간을 투자해야 한다. 물론 장기적으로 인기가 식지 않을 서울 강남 같은 지역은 제외이다. 보통 부동산 투자자들에게 서울 땅은 비용과 시간이 많이 투입되기 때문에 투자수익률이 높지 않다. 다가구·다세대 주택의 경우에는 대출 레버리지를 통해 지역에 상관없이 수익을 내는 사람들도 있지만, 전문적인 수준의 사전 분석 등 깊은 공부가 필요하다.

자금 여유가 있다면 서울도 좋겠지만, 마당이 있는 전원주택지를 원한다면 외곽지역도 충분히 가치가 있다. 나 역시 교외지역으로 눈을 돌렸다. 땅값도 저렴하고 일정 규모 이하 규모라면 건축주 직영공사가 가능하며 행정서류도 간편하기 때문에 여러 가지로 전원주택을 짓기에 좋은 점이 많았다. 또한 마침 부모님이 전원주택 생활을 하고 계셔 주말에 가족과 함께 나들이를 갈 때마다 자연스럽게 많은 전원주택을 구경했고 주변의 땅 시세와 편의시설 여부, 학교 위치까지 파악했다. 이렇게 부동산 투자로 시작된 임장을 통해 내가 잘 아는 지역에 전원주택을 신축하기로 결정할 수 있었다.

땅 종류	자주 다니는 지역	자주 다니면서 누적된 정보를 통해 빠른 분석 가능
	좋아하는 지역	관심을 갖고 지켜보는 지역으로 누적된 정보를 통해 분석 가능
	사람들이 좋다는 지역	분석해야 할 정보들이 많아 분석이 오래 걸림

땅을 매입할 때는 세 가지 기준으로 지역을 나눠 볼 것을 추천한다. 첫째로 자주 다니는 지역으로 임장하고, 이후에 지역을 확장해서 좋아하는 지역에 배운 지식을 적용해 좋은 땅을 구하면 된다. 내가 잘 모르는데 남들이 좋다고 하는 지역은 위에서 언급했듯이 난이도가 높은 땅이다. 더 많은 분석과 종합적인 자료로 근거 있는 판단이 필요하다.

자주 다니는 지역은 수개월 또는 수년간 다니면서 자연스럽게 지역에 대한 정보가 쌓인다. 좋은 땅을 결정하는 요소는 다양하기 때문에 지역에 대해 많이 알면 알수록 의사결정에 큰 도움이 된다. 부모님이 사시는 전원주택 근처의 부동산중개소를 방문했을 때 이야기다. 그곳에서의 대화는 보통 토지, 상가, 주택 등 매물에 관한 것이다. 하지만 그들도 사람이기 때문에 동네 주민이거나 지역을 잘 아는 사람에게는 숨은 매물을 보여줄 때가 있다. 처음에는 대부분 보수적 또는 방어적으로 반응하다가 대화가 즐겁고 기분이 좋으면 갑자기 없는 땅도 생기곤 한다.

나 : 부모님이 이 동네에 살고 계십니다. 집 지을 땅이 있을까요?

중개업소 : 확인해보니 부모님이 살고 계신 집은 저희가 전세를 줬던 집이네요. 반갑습니다. 제가 이 동네 원주민이라 친척 누나 땅이 하나 있는데, 한번 보시겠어요?

물론 위 대화처럼 바로 매물을 공개하지는 않는다. 여러 번의 대화가 오가면서 자연스럽게 마음의 문을 여는 것 같다. 자주 다니는 지역의 부동산중개소와 친분을 쌓아두면 실수를 최소화하고 이득을 볼 기회가 많아진다. 여기서 쌓은 부동산 지식과 노하우를 들고 좋아하는 지역으로 확장해 본다. 익숙한 지역에서 땅을 보러 다니면서 공부가 된 상태이기 때문에 관심 있는 땅을 신속하게 분석할 수 있다. 무엇보다 좋아하는 지역이란 꼭 살고 싶은 지역을 뜻하기 때문에 자주 다니는 지역보다 더 애착을 갖고 땅을 보러 다닐 수 있다. 자주 다니는 지역의 땅을 우선순위로 보라는 이유는 땅을 한 번도 구입해 본 적도, 알아본 적도 없는 사람들이 으레 겁을 먹고 땅 찾기를 포기하는 것을 예방하기 위함이다. 나 역시 잘 아는 지역에 전원주택을 짓고 나니 욕심이 생겨 다음에 기회가 된다면 내가 관심 있는 지역에 집을 지어보려고 한다.

반면, 사람들이 좋다는 지역은 가보지도 않고 관심도 없는 지역을 새롭게 알아봐야 한다는 점에서 절대적으로 투자해야 하는 시간이 길다. 그리고 인기 있는 지역의 특징은 가격이 높기에 건축비에 여유자금이 부족할 가능성도 있다. 건축비는 전국적으로 비슷한데, 땅값은 지역마다 큰 차이가 있어 땅을 저렴하게 매입하고 남는 돈을 건축비에 쓰는 것이 합리적이다. 흰 도화지에 점을 찍고 그림을 그려야 하듯이 모든 것을 처음부터 시작해야 하는 번거로움이 있다. 투자가 목적이라면 레버리지를 사용해 땅을 매입하겠지만, 집 지을 땅을 찾는다면 내게 좋은 땅이 곧 내게 맞는 땅이라고 생각한다.

땅 찾는 기간은 오래 걸려도 괜찮다

땅 찾는 기간은 1년이 넘어도 상관없다. 그만큼 토지 확보는 집 짓기의 첫 단추인 만큼 공을 들여야 할 중요한 단계이다. 이것이 잘못되면 나머지 과정들은 전혀 쓸모가 없어지기 때문이나. 예를 들어 임야보 된 땅을 구입했는네, 주택 신축을 위한 토지 용도변경 허가가 나지 않는다면 모든 계획은 물거품이 된다.

요즘은 인터넷에 땅 매물도 나오기 때문에 비교적 쉽게 땅을 찾는 사람도 많은 것 같다. 실제로 네이버 지도에 토지를 검색해 계약까지 한 사람이 있다. 신축 중인 주택 현장 뒤에 위치한 땅을 구입한 아저씨 이야기다. 네모난 모양에 남향 땅이라 집을 짓기 좋다고 생각해 구매했는데, 막상 생각했던 것보다 토목공사 작업이 많아져 주말마다 열심히 트럭을 끌고 다녀가셨다.

아저씨 : 땅을 샀더니 예상치 못한 돈들이 계속 들어가요. 이제 남은 돈이 없어 공사하고 싶어도 못해요. 허허허.

지나가면서 대화를 나누다 보니 토목공사비에 돈이 많이 들어갔고 끊임없이 할 것이 생겨 남은 돈이 없다고 농담삼아 말씀을 하셨다. 아저씨는 토목공사뿐 아니라 정화조와 야외 화장실 설치, 펜스 세우기, 수도 인입공사 등을 꾸준히 진행했다. 추후 땅값이 오른다고 가정한다면, 미리 토지를 매입해 두고 소소히 관리하다가 은퇴 후 전원주택을 짓는 것도 나쁘지 않다. 뒷집 아저씨가 땅은 적기에 잘 샀지만 직접 임장을 나와 눈으로 확인하고 주변의 조언도 들었다면 추가적으로 들어갈 비용을 더 정확하게 예측하지 않았을까 하는 아쉬움이 남았다.

간혹 나는 좋은 지역이라 생각했는데 주변에서 좋지 않다고 말하면 왜 그런 이야기가 나오는지 합리적인 근거로 최종 판단을 해봐야 한다. 이런 노력을 해야 제대로 된 땅을 살 가능성이 높아진다. 다른 업종도 마찬가지겠지만 최종결정에 대한 책임은 모두 주인(건축주)의 몫이다.

조급함은 합리적 의사 결정에 부정적인 영향을 끼친다. 내가 사려는 물건이 곧 품절된다는 소식을 들으면 충분히 고민할 시간이 주어지지 않기 때문에 서둘러 결정한다. 합리적인 판단을 하지 못하는 것이다. 이런 조급함을 피하거나 줄이기 위해서는 최대한 많은 정보를 수집하는 게 우선이다.

만약에 토목공사가 많이 필요해 보이는 땅이 인기가 있다면 판매가격이 주변 시세에 비해 많이 낮거나 사연이 있는 매물일 가능성이 있다. 실제로 부동산을 돌아다니다 보면 가족끼리 재산 싸움 문제로 소송 중인 매물이거나 건축 인허가를 내기 위해 불리한 지형적, 제도적 요소가 내재되어 있는 매물이 있다. 겉으로는 아무 이상이 없는 땅으로 보이지만, 부동산업자들의 이야기를 들어보거나 서류를 자세히 뜯어보면 매물 가격이 이해가 된다. 이런 물건을 잘 알지 못하고 사는 것은 대부분 부족한 정보를 가진 상황에서 성급한 결정을 내리기 때문이다. 직접 발품을 팔아 동네 분위기를 익히고 최근 몇 년간의 매물들을 주시하다 보면 건축주 상황에 맞는 최선의 선택을 할 가능성이 높아진다. 종합적인 정보 수집 능력이 커지는 것이다.

예를 들어, 부동산 임장을 통해 부지런히 지역을 파악하고 동네에 떠도는 매물 관련 소식을 챙겨 듣다 보면 어느새 중개소에서 좋은 땅이 나왔다는 연락을 직접 해 온다. 진짜 땅 주인이 급하게 돈이 필요해 급매로 내어놓은 물건은 인터넷이 올라오기 전에, 열심히 임장을 다닌 사람에게 첫 기회가 주어지는 것이다.

인터넷으로도 충분히 좋은 매물을 찾을 수 있다. 하지만 집 짓기의 첫 단계인 대지 확보에서는 인터넷은 보조적인 수단으로 사용하고 직접 뛰어야 한다. 물리적인 이동 시간, 유대를 쌓는 시간 등 결국 땅 매입에 걸리는 시간은 길어질 수밖에 없다.

땅이 하나도 없어요

땅 매입을 위해 적어도 6~7곳의 중개업소를 방문한 것으로 기억한다. 마주 앉아 대화를 시작하면 하나같이 똑같은 말을 한다.

부동산 사장님 : 요즘 땅이 나온 게 하나도 없어요.

농담이 아니고 단 한 곳에서도 "땅이 많습니다"라는 대답을 듣지 못했다. 입장을 바꿔 생각해 보았다. 내가 공인중개사라면 고객에게 땅을 잘 팔기 위해서 어떤 영업전략을 펼쳐야 할까? 상품의 희소성을 강조해서 파는 것이 토지 가치도 올리고 고객의 관심을 끄는 데 도움이 될 수밖에 없다.

경제학에는 '탄력성(Elasticity)'이라는 개념이 있다. 한 제품의 가격이 오르면 수요가 얼마만큼 변하는지를 나타내는 척도로 사용된다. 예를 들어, 탄력성이 작은 제품은 전기세, 수도세와 같은 필수재의 영역이고 탄력성이 높은 제품은 대체제가 많은 품목들이다. 한 브랜드의 골프채 가격이 오르면 다른 브랜드의 저렴한 골프채로 수요가 몰리는 현상을 보인다. 부동산중개소에서도 부동산의 가격 탄력성이 작아야 유리한 것을 알고 '땅이 없다'라고 전제를 깔고 대화를 풀어나가는 것이다.

아래 그래프처럼 어떤 지역의 부동산(토지)이 많다고 가정해보자. A처럼 일반적인 부동산은 가격이 오르면 수요가 줄고 가격이 내려가면 수요가 늘어난다. 하지만 B처럼 가격 탄력성이 변하면, 부동산이 대체제가 몇 개 없는 물, 수도, 전기 같은 필수재로 인식되어 가격이 오르거나 낮아져도 수요에는 큰 영향을 미치지 않게 된다. 다시 말해서 땅 소유주가 값을 아무리 많이 올려도 수요는 끊임없이 유지된다는 뜻이다.

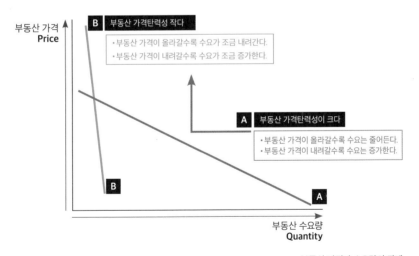

부동산 가격과 수요량의 관계

땅은 대체제가 없다. 수요자는 몇 개 없는 땅 중에 선택해야 하므로 중개소에서는 희소성을 강조하는 영업전략을 펼친다. 경제학적으로 탄력성과 희소성의 원리를 알게 되면 왜 사람들이 저렇게 말하는지 조금이나마 이해할 수 있게 된다.

땅이 없다고 말하는 중개업소는 영업을 잘하는 곳이니 당황하지 말고 대화를 이어가면 된다.

집 짓기 좋은 땅은 따로 있다

부동산 투자자들은 건물보다 땅의 가치를 보고 부동산을 매입한다. 교통과 다양한 인프라가 갖춰진 도시의 땅값은 외곽보다 비싼 게 당연하다. 우리가 단순히 투자가 아닌 살 집을 짓기 위해 땅을 알아보는 것이지만, 투자적인 관점도 무시하면 안 된다. 살 집을 짓던, 팔 집을 짓던 부동산 투자자들도 추후 신축 등 개발 여부를 염두에 두고 있기 때문에 일반 실거주자의 관점과 동일하게 땅을 바라본다. 오히려 부동산 투자자들은 여러 가지 사업적 변수를 예상하고 좋은 땅을 찾기 때문에 그들이 어떻게 땅을 보는지 참고하면 좋다.

시골 땅은 측량을 오랫동안 하지 않아 서로의 경계를 침범해 사용하는 일이 부지기수이다. 이웃 간 서로 신경 쓰지 않고 산다고 해도 사람 일은 아무도 모르기 때문에 변수를 최소화하는 것이 좋다. 토지 매입 후 경계측량을 해보니 내 땅 일부에 이웃집 담장이 서 있다면 곤란하게 된다. 임장할 때 지적편집도 상에 표시된 경계선을 확인하고, 실제로 경계선 침범 여부도 미리 확인해야 한다. 막상 현장에서는 경계 쪽에 돌이 쌓여 있어 눈으로 정확하게 구분하지 못하는 경우도 허다하며, 불법 증축 등으로 침범 여부를 알 수 없기도 하다. 매입 전, 토지주의 허락을 받아 경계측량을 해 봐야 정확한 경계선을 알 수 있을 것이다.

• 땅은 도로와 가까울수록, 진입로는 넓을수록 좋다

도로가 인접한 집은 장점이 많다. 다만 거주하는 집과 도로가 너무 가까우면 자동차 소음이나 프라이버시 보호에 방해가 될 수 있어 적당한 거리가 필요하다. 전원주택 생활을 해 보면 생활 소음보다는 외부 사람들의 시선이 더 신경 쓰인다. 전원주택지는 보통 산과 어울려 있기에 자연의 소리가 생활 소음을 상쇄시키지만, 상대적으로 조용하고 인적이 드문 공간인 만큼 사람들이 집 앞을 지나가는 것만 해도 긴장도가 올라가게 된다.

다음으로 집에 진입하는 도로는 넓으면 넓을수록 좋다. 지게차, 펌프카, 레미콘 등 공사를 위한 대형 차량들이 진입하기 위해서다. 물론 살면서도 정화조, LPG 충전 등 대형 차량이 드나들 일이 종종 있다. 건축허가를 받기 위해서는 도로가 4m 이상 폭에 건축물 지을 땅이 도로와 2m 이상 접해야 하는 접도 규정이 있다. 하지만 나의 경우는 비도시지역 중 면지역에 해당되어 건축법 제44조(2m 이상 접도 의무)가 적용되지 않았다. 그리고 지목이 도로가 아닌 답, 임야 등으로 되어 있지만, 주민들이 오랫동안 도로의 목적으로 사용하는 현황 도로가 있는 경우에도 4m 이상 폭과 2m 이상 접도 규정이 적용되지 않는다.

• 전원주택은 주변 집과 적당히 떨어지면 좋다

전원주택은 한적한 곳에 있을 거라 생각하겠지만, 의외로 땅을 보러 다니면 옆집과 바로 붙어 있는 전원주택들을 많이 볼 수 있다. 사람은 사회적 동물이기 때문에 혼자 동떨어져서 생활하기가 쉽지 않다. 그래서 요즘은 큰 단지로 조성되거나, 4~5세대가 모여 사는 경우도 많다. 이렇게 여러 세대가 모여 사는 환경이 조성되었다는 것은 그만큼 땅의 입지가 좋다는 의미이다. 하지만 진정으로 전원주택의 자유를 원한다면, 주변과는 적당히 거리를 둔 땅이 낫다. 공사를 시작하고 주변 민원에서 좀 더 자유로운 길이기도 하다.

•도로에 경사가 심하지 않으면 좋다

도로의 경사가 심하면 배수 문제를 고민해야 하고, 계절별 유지보수해야 할 항목이 많아진다. 여름에는 물이 고일 위험이 있고, 겨울에는 길이 얼어 미끄러지는 사고를 예방해야 한다. 경사진 땅 위에 집을 짓기 위해서는 배수설계와 터파기, 작업 시 동결심도를 잘 생각하고 시공해야 한다.

•토목비용이 적게 드는 땅이 좋다

위치는 좋지만 싸게 나온 땅이 있다. 부동산 임장이 중요한 점이 직접 가서 보면 지도에서 발견하지 못한 새로운 정보들을 알 수 있기 때문이다. 공인중개사 소개로 찾아간 어느 토지는 토목공사만 3,000만원 이상이 들어가야 하는 땅이었다. 그래서 전원주택 부지를 찾아다녀 보면 보강토로 토목공사만 해놓고 판매하는 경우도 있다. 토목공사가 대대적으로 필요한 땅은 향후에 조경공사까지 염두에 두고 토목 설계를 준비해야 한다.

•집을 지을 수 없는 땅은 전용을 위한 세금이 든다

지적편집도를 보면 땅의 용도가 농지, 대지, 임야로 표시되어 있다. 보통 우리가 생각하는 집을 짓기 위해서는 대지라는 땅 위에 집을 지어야 한다. 하지만 농지나 임야로 표시된 땅을 사서 집을 지을 수 있는 방법이 있다. 예를 들어, 임야는 풀이나 나무로 구성된 땅이므로 농사노, 개발노 안 뇌는 땅이다. 이 임야에 집을 짓고 싶다면 토목건축설계사무소에서 산지전용허가와 개발행위허가를 통해 토목에 대한 개발이 가능한 허가를 받아야 한다.

두 번째로 건축물을 짓겠다는 건축 인허가가 필요하다. 하지만 보통 토목건축설계사무소에서 산지전용허가, 개발행위허가, 건축인허가를 동시에 처리해주기 때문에 위 항목에 대한 허가를 받으면 임야에서 대지로 지목을 변경하여 주택 건축이 가능하다. 농지를 구입하는 경우에는 농지전용허가를 받아야만 농업 활동 이외의 용도로 사용할 수 있다. 농지나 산지를 건축이 가능한 대지로 지목을 변경하려면 해당 지자체의 허가를 받아야 한다. 그때 개발행위허가에 대해 세금을 부과하는데, 농지면 농지보전부담금을 부과하고 산지라면 대체산림자원조성비를 부과한다. 땅값이 싸다고 토지 매입을 당장 서두르기보다 대지로 전용할 때 드는 세금도 따져봐야 현실적인 토지 구입 비용을 예상할 수 있다.

• 도로가 나라 땅인지 개인 땅인지 확인한다

내 땅이 아래 그림처럼 위치하고 도로가 옆에 있다고 하면 도로가 인접한지를 확인하고 상수도를 사용하려면 상수도가 어디에 있는지 파악해야 한다. 상수도가 도로 B 아래에 있다면, 그리고 도로 B가 국가 도로가 아니라 사유지라면 도로를 파내는 인입공사를 할 때 도로 B에 대한 지분을 사야 수도 인입공사가 가능하다.

갑자기 주민이랑 싸워서 도로 B에 대한 지분이 1도 없다면 저 도로를 막아도 법적으로 할 수 있는 방도가 없다. 내 땅과 닿은 도로의 소유권 여부를 반드시 확인해야 한다.

상수도 인입이 가능한지 여부 따지기

• 나중에 팔 때를 생각해라

마지막으로 비싸도 잘 팔리는 땅을 사는 게 좋다. 전원주택은 환금성이 낮다고 하지만, 보았을 때 누구나 수긍하는 입지에 평균 수준의 집이라는 것이 있다. 나중에 매매할 때도 고려해야 한다. 그래서 땅 사는 데 시간이 오래 걸릴 수밖에 없다. 싸고 좋은 땅은 없어도 비싸고 좋은 땅은 많기 때문이다.

공사하기 좋은 땅

지적편집도에 나온 정보만을 믿고 땅을 매수하면 위험하다. 그 이유는 실제로 경계선을 침범해서 땅을 사용하거나 토목작업으로 지적편집에 나온 땅보다 실제 사용가능한 땅 면적이 줄어드는 경우도 있기 때문이다. 그래서 항상 명심해야 할 사항은 직접 알아보고 판단해야 한다는 점이다. 대지 확보는 집 짓기 과정 중 첫 번째인 만큼 가장 중요한 단계이다. 건축이 불가능한 땅을 사면 가치는 제로이다. 운이 안 좋으면 시세가 하락해 마이너스가 되어 손해를 보고 양도해야 할 수도 있다. 땅을 잘 사기 위해서 공인중개사만큼의 연륜이 필요하고 해당 지역 지자체의 건축 인허가 공무원만큼 지식이 있어야 한다. 물론 그들보다 정보가 부족해도 땅을 사는 데는 아무런 문제가 없다. 하지만 실수를 최소화하기 위해서, 그리고 최선의 선택을 하기 위해서는 내가 전문가 수준의 안목을 가져야 한다.

공인중개사 A가 좋은 땅이 나왔다고 해서 답사를 간다. 하지만 막상 가보니 도로 상태도 좁고 경사가 심한 땅이다. 이럴 경우 어떤 기준으로 땅의 가치를 판단할 수 있을까?

• 상수도 인입공사

상수도 인입공사가 가능한지는 지역 수도사업소에 문의하면 된다. 보통 현장에 실사를 나와 경사가 심한 곳의 경우 상수도 인입공사가 어려워 지하수를 파야 할 수도 있다. 지하수는 또 큰 비용이 들고 간혹 물을 얻지 못할 경우도 있다. 가능하면 상수도 인입이 가능한 땅으로 하고, 인입 시 도로 주인의 승낙을 받아야 하는 경우인지도 확인한다. 땅 매수 시 도로 지분까지 같이 매수하는 방법도 있다.

• 정화조 공사

정화조 위치는 토목설계사무소의 도움을 받아 진행하면 된다. 정확하게 정화조 위치를 알기 위해서는 지역 건축인허가 공무원에게 문의하면 된다. 근처에 정화조 배관이 있다면 그곳에 연결해야 하는지, 아니면 새롭게 배관을 설치해야 하는지를 결정한다. 정화조는 F.R.P(Fiber Glass Reinforced Plastic) 오수처리 시설이라고 하며, 땅속을 파서 네모난 콘크리트 구조물을 만들고 그 안으로 들어가게 된다. 생활하수와 오수는 같은 배관으로 정화조에 연결되어야 한다.

• 대형 차량 진입로

대형 차량이 진입하기에 좋은 도로가 있으면 공사가 원활하다. 경사도가 높거나 도로가 좁아 대형 차량 이동이 불가능한 경우 원하고자 하는 구조의 건축물 시공이 원천적으로 불가능할 수 있다. 다른 공사 현장에 들어가는 대형 차량으로 길이 막히는 경우가 생겨 다른 현장 사람들과 일정을 협의해 겹치지 않는 날에 펌프카와 레미콘 차량을 불러 콘크리트 타설을 한 경험이 있다.

•임시전기 계량기 설치
공사를 시작할 때 장비 작동에 필요한 전기 공급이 필요하다. 전봇대가 근처에 있어야 임시로 전기를 끌어와서 공사가 가능하다. 임시전기 계량기는 전기 작업자만 한국전력에 신청할 수 있다. 건축주는 임시전기에 필요한 건축 인허가 서류와 비용만 납부하면 된다. 한전에서는 공사에 사용할 수 있는 임시계량기를 설치해 준다.

위와 같은 내용을 확인하지 않으면 원치 않는 토목공사를 하거나 인허가 과정이 지연되는 등 예상치 못한 변수로 계획에 큰 차질을 빚을 수 있다. 모든 일을 진행할 때는 전반적인 상황을 알고 판단해야 이 변수들을 최소화할 수 있다. 아는 만큼 보인다는 말이 맞다.
나는 2개월간 하루도 쉬지 않고 부동산 임장과 공부를 했다. 중개업자와 시공업자와 만나 토지를 매입해서 타운하우스를 만들어 보려는 큰 꿈을 꾸기도 했다. 매입한 땅에 목구조 주택 2동을 지을지 철근콘크리트조 주택 1동을 지을지 고민도 했다. 부동산 투자를 위해 상가를 알아보기도 했고, 카페와 숙박업을 위한 부지도 알아보았다. 짧은 기간 많은 사람과 만나면서 소소한 계획부터 웅장한 계획까지 검토했고, 최종적으로 내가 잘 아는 동네의 702㎡ (212평) 규모의 임야를 매수하게 되었다. 그리고 철근콘크리트 구조의 연면적 200㎡(60.5평) 이하 마당 있는 '2층 전원주택을 짓기로 했다.

경제적 자유를 위해 위탁판매에도 도전해 보고 플랫폼 비즈니스 창업, 가상화폐, 미국 주식투자 등 다양한 시도를 해봤지만, 누군가 미리 만들어 놓은 판 속에 갇힌 기분이었다. 주식투자는 내가 세운 회사가 아닌 남이 세운 회사가 일을 잘하기를 바라는 것일뿐 내가 주도적으로 판을 바꿀 수 있는 일이 아니었다. 하지만 집을 짓는 일은 내가 원하는 대로 모든 것이 가능했다. 토지 매입부터 직영 시공, 그리고 판매까지 부동산 공급업의 일환으로 주택을 신축해서 판매하는 모든 일이 내 손에 달려 있었다.

Chapter #2

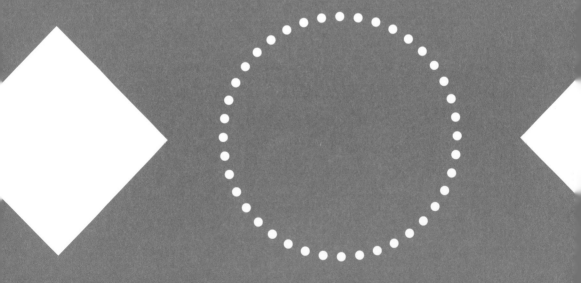

나만의 집 설계하기

나만의 집 설계하기

건축 설계도 셀프로 가능한가요?

집을 짓기 위해서는 보통 건축사사무소를 통해 도면을 그린다. 나는 우리 집 인테리어를 준비할 때 유튜브로 배웠던 3D 모델링 프로그램과 설계 프로그램을 직접 사용해서 도면을 그려 미리 사무소에 전달하고 미팅을 했다. 유튜브와 오프라인 인테리어 강의에서 배운 지식과 경험을 바탕으로 며칠 만에 여러 도면을 만들어 낼 수 있었다. 많은 사람이 결과물만 보고 어려운 작업이라 예상하지만, 건축 설계도면과 3D 모델링은 마음만 먹으면 무료 교육 콘텐츠로 독학할 수 있다. 하지만 건축 인허가를 위해 제출하는 정식 설계도면은 반드시 건축사사무소를 통해 그려야 한다. 건축 인허가를 위한 서류에는 내진 설계와 토목설계도 포함되며, 그 외에 건축법상 준수해야 할 항목들이 많아 해당 규정에 따라야 한다.

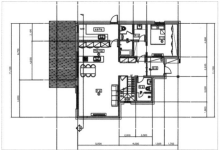

AutoCAD - 셀프 설계도면 작업

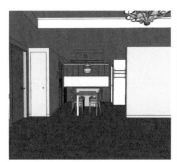

Sketch Up - 셀프 3D 모델링 작업

건축사를 만나기 전, 셀프로 설계도면과 3D 모델링을 하면 좋은 점이 많다. 처음부터 전문가의 도움을 받는다는 생각으로 아무것도 준비하지 않으면 건축주와 맞지 않는 아쉬운 평면도가 나올 가능성이 크다. 미용실에 가서 헤어디자이너에게 원하는 스타일을 말로 표현하는 것보다 사진을 보여주는 게 더 정확하다. 마찬가지로 건축사에게 내가 원하는 집을 직접 그려 보여주면 내가 생각했던 평면도에 가깝게 결과가 나올 것이다. 컴퓨터 작업이 어려우면 종이 위에 펜으로 도면을 그리는 것도 방법이다. 통상적으로 이미지가 아닌 구두로 전한 메시지는 추상적이고 애매한 부분이 많아 소통이 어렵다. 셀프로 설계도와 3D모델링까지 작업한다면 인테리어 구조와 마감까지 건축사가 예상할 수 있으니 업무 속도가 빨라지고, 건축주는 원하는 평면도를 얻으니 만족도가 높아진다. 이미 다른 사람보다 한 단계 빠르게, 안정적으로 설계를 시작하는 셈이다.

건축주가 설계에 적극적으로 참여하면 자신의 라이프스타일에 대해 고민하고 맞춘 집이기 때문에 공간 활용이나 동선이 최적화된다. 주택 설계를 잘하는 건축사는 비싸고 멋진 집을 그려내는 것이 아니라, 건축주 이야기를 잘 들어주고 그 내용을 설계도에 최대한 반영하는 사람이다. 직영공사는 건축주가 공사의 모든 과정에 참여해 디테일 하나까지 고민하고 결정해 건축물의 완성도를 높이는 방식이다. 설계는 공사가 끝날 때까지 여러 가지 경우의 수가 생기고 변화가 있을 수 있다. 이를 두려워하지 말아야 한다. 2층 화장실에 큰 창문을 만들고 싶었지만, 외부에서 화장실 내부가 보일까 두려워 설계에 창문을 넣지 않았다. 하지만 공사를 진행하면서 2층에 올라가 풍경을 보니 하늘이 너무 예뻤다. 화장실 욕조에 누워 자연 풍경을 바라보며 휴식을 취하는 상상을 하니 창문을 만들어야겠다는 확신이 들었다. 나는 1층에서 작업 중인 골조 사장님에게 다급한 목소리로 말했다. 그때 용기를 내지 않았다면 큰 후회를 했을 것 같다.

나 : 사장님, 죄송한데요. 2층 화장실에 창문을 만들어도 될까요?

골조 사장님 : 이미 거푸집 세웠는데요?

나 : 혹시⋯, 안 될까요?

골조 사장님 : 흠⋯. 다시 해체하고 해 드릴게요.

나 : 정말 감사합니다!

골조공사 중 급하게 설계를 변경해 만든 2층 욕실의 창문

공사를 진행하다 보면 설계가 변경될 경우가 있다. 그때마다 직접 설계도를 수정해서 시공자들과 공유해 공사 진행에 차질이 없도록 노력했다. 도면은 공사 시작부터 끝날 때까지 시공자들과 계속 공유해야 한다. 3D 모델링은 필수는 아니지만, 내부 인테리어나 조경 디자인을 할 때 작업자들이 참고하기 좋은 자료가 된다. 이렇게 건축주가 설계도를 직접 그릴 수 있다면 공사 중에 생기는 변수들에 유연하게 대응할 수 있는 여유가 생긴다.

1,000만원 설계도면 VS 300만원 설계도면

집 지을 토지를 확보하고 나면 기쁨도 잠시, 어떻게 집을 지을지에 대해 고민이 시작된다. 건축사를 만나기 위해 총 2곳의 건축사사무소를 인터넷 지도로 찾아 방문했다. 처음 방문한 곳은 설계비로 1,000만원을 말하고, 두 번째 곳은 300만원이었다. 고민 끝에 두 번째 건축사에게 설계도면을 맡겼다. 700만원이나 저렴한 설계도면을 믿을 수 있을까? 왜 이렇게 금액 차이가 크게 나는 것일까? 그 차이는 설계도면의 종류에 있었다.

설계는 기본설계, 계획설계, 허가설계, 실시설계 등 그 종류가 다양하다. 300만원 설계도면은 기본설계를 말한다. 건축주의 의견을 간단히 반영해 일주일 안으로 그리는 도면이라 볼 수 있다. 허가설계는 건축의 인허가를 받기 위해 그리는 허가용 설계로써 건축, 구조, 토목, 설비, 전기, 소방, 조경 등이 포함되나 지역에 따라서 필요한 설계도가 상이하다. 실시설계는 시공사에 제출하는 설계도면으로 정화조, 창호도, 천장도 등 시공에 필요한 세부 설계도면이라고 이해하면 된다. 300만원을 제시한 건축사사무소는 허가에 필요한 도면을 그려서 제출하는 간단한 업무이기 때문에 저렴하고, 1,000만원을 제시한 건축사사무소는 좀 더 상세한 설계도면까지 포함해서 제안했기에 그 차이가 난 것이다. 나는 집을 직영으로 짓겠다고 결정했기에 허가에 필요한 기본설계 도면만 건축사에게 맡기고 나머지는 셀프로 그려보기로 했다. 공사를 하다 보면 창호도, 설비도면 등 사무소에서 그려주지 않은 도면을 요청하는 시공업자들이 있는데, 이런 경우도 셀프로 그려서 A3 사이즈로 크게 출력해서 전달했다. 도면 작성이 불가능하다면 각 시공 단계마다 반장님들과 사전 미팅을 통해 건축주가 원하는 바를 정확하게 여러 번 전달하는 과정이 중요하다.

공사비를 줄이겠다고 설계비를 아낄 방법을 찾는다면, 진중하게 생각해볼 문제이다. 좋은 설계도면을 갖게 되면 완공 때까지 적어도 설계로 시공업자와 커뮤니케이션 문제가 생기는 경우는 거의 없다. 하지만 허가를 위한 기본 설계도면으로만 직영시공을 한다면 업무 지시를 할 때 소통의 어려움을 겪고 일이 복잡해질 수 있다. 나의 경우 셀프 도면 그리기가 가능한 상황이었기 때문에 기본설계만 맡길 수 있었다. 아무리 혼자 집을 지을 수 있다고 해도 설계도를 그리는 데 부담을 느낀다면 돈을 더 지불하고 건축사사무소를 통해 상세설계까지 받는 것이 좋다. 미디어에서 보는 멋진 고급주택은 기본설계부터 실시설계, 인테리어 설계까지 그 설계비만 수천만원에 달하기도 한다. 실력 있는 건축사는 건축주의 간지러운 부분을 알아서 긁어준다. 하지만, 나는 건축주 직영시공인 만큼 직접 설계 콘셉트를 잡고, 건축사는 건축인허가 및 준공에 필요한 서류 업무를 도와주는 방식으로 진행하고자 했다. 모르는 업무를 직접 부딪치는 상황이 단기적으로는 힘들겠지만, 장기적으로는 배우는 게 더 많을 것으로 판단했다. 건축사사무소가 만들어 주는 최소한의 설계도면을 건축주가 직접 시간을 투자해 더 나은 도면으로 만든다면 1,000만원 이상의 가치가 있는 도면으로 탈바꿈하리라 믿는다.

기본설계는 시설물의 규모, 지적도, 도시계획, 용도지역, 지역계획 등을 고려하여 현장 답사, 측량, 대지 분석 등을 거쳐서 평면도, 입면도, 단면도, 측량도, 배치도 등을 산출한다. 관리지역, 농림지역 또는 자연환경보전지역에서는 연면적 200㎡ 미만, 3층 미만의 건물은 기본설계만으로도 건축할 수 있다.

계획설계는 건축주의 요구사항, 장래의 변화에 대한 대처 사항(추후 도시가스 인입공사 등)을 고려하여 시공도면을 작업한다. 특히 건축주와 충분한 협의를 통해 건축, 구조, 재료, 설비 등 총체적인 디자인 방침을 마련해야 한다. 계획설계 작업을 제대로 해 두면 각 공정에서 의사소통이 정확하고 놓치는 부분이 적어진다.

실시설계는 구조, 설비, 냉난방, 배관, 방수계획 등 여러 시공 상세도를 작성하며 시공 관련 자세한 사항을 미리 계획할 수 있고, 최대한 정확한 공사비를 산출할 수 있다. 도면 내에 건축재료의 종류와 특성, 공정별 시방서가 포함되어 건축주, 건축사, 시공사 간의 원활한 커뮤니케이션이 가능하다.

100번 넘게 수정한 설계도면

설계도면은 작성 단계부터 건축물 완공 단계까지 끊임없이 바뀐다. 설계를 바꾸지 않고 시공하는 현장도 있겠지만, 통상적으로 설계변경은 거의 모든 공사 현장에서 일어난다고 봐야 한다. 나의 현장 역시 초기 도면 기획 단계에서도 수십 차례 변경됐고, 착공 후 공사를 진행하면서도 수정이 계속 이루어졌다. 건축사사무소에서 도면 초안을 오토캐드(AutoCAD) 파일로 받으면 수정을 하고 싶은 부분을 체크해서 건축사에게 피드백한다. 기본설계 도면의 종류는 평면도, 단면도, 입면도, 배치도, 구조도 등이 있는데, 그중 가장 대표적인 평면도를 수정했다. 현실적으로 단면도, 입면도, 배치도, 구조도도 캐드로 작업이 가능하지만 난이도가 높은 편이라, 나머지 도면 수정은 건축사에게 맡긴다.

| **배치도** |
| 부지 내
건축물을 배치한
도면 |

| **평면도** |
| 건물을 수평으로
절단하여 위에서
본 도면 |

| **입면도** |
| 건축물 정면,
측면, 배면을
바라보고 그린
도면 |

| **단면도** |
| 건물을 수직으로
절단하여 위에서
본 도면 |

| **구조도** |
| 기둥, 배근 방법
등을 표시한
도면 |

화장실이나 보조 주방 위치를 계속 바꿔보고, 간접조명을 생각해 전기 배선도 다시 그리는 등 내가 기억하는 수정 횟수만도 100번은 넘는 듯하다. 내가 그린 도면을 건축사사무소에 전달하고 피드백을 받아 다시 도면을 수정하는 작업을 반복하며 평면의 완성도를 높였다. 또 주변 사람들에게 도면을 보여주고 아이디어를 얻으면서 설계변경이 계속되었다. 심지어 건축 도면을 확정하러 가는 자동차 안에서까지 종이와 펜을 꺼내 새로운 도면을 그리는 상황이 일어났다. 더 나은 설계를 위해 기존 도면을 버리는 것은 건축주의 자유이지만, 과연 건축사사무소에서 다시 그려줄지는 미지수였다.

나 : 건축사님, 죄송하지만 오는 길에 도면을 다시 그렸습니다. 새로 작업이 가능할까요?

건축사 : 보통은 이렇게 진행은 안 하는데, 이번 건은 다시 그려드리겠습니다.

다행히 건축사는 나의 절실한 상황과 의지를 긍정적으로 보았는지, 새롭게 도면 작업을 진행해주었다. 이렇게 보면 셀프로 어느 정도 도면을 그렸기 때문에 일면 배려해 준 것이 아닐까 생각한다. 수없이 변경되는 설계도면은 집을 지어 본 사람이라면 충분히 공감가는 부분일 것이다.

착공신고 이후 땅을 파고 있는데, 지하 1층에 묻기로 했던 창고건물을 갑자기 지상 1층으로 올려서 두는 게 나을 것 같다는 생각이 들었다. 다급하게 건축사에게 전화를 걸었다.

나 : 창고를 지하 1층이 아닌 지상 1층으로 지어도 될까요?

건축사 : 그런 경우에는 창고와 집을 분리해서 2개 동으로 설계변경하면 됩니다.

결국 지하창고가 지상으로 올라오면서 건물이 1동에서 2동이 되었다. 이 경험을 통해 얻은 교훈은 다음 집을 지을 때는 확실히 어떤 부분에 신경을 더 써야 하는지를 알았다는 점이다. 공사 전 과정에 걸쳐 설계변경은 끊임없이 일어나기 때문에 너무 스트레스를 받지 않고 더 나은 설계를 위한 자연스러운 과정이라고 생각하는 편이 낫다.

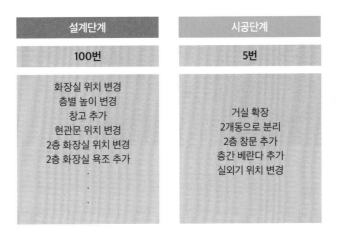

설계단계	시공단계
100번	**5번**
화장실 위치 변경 층별 높이 변경 창고 추가 현관문 위치 변경 2층 화장실 위치 변경 2층 화장실 욕조 추가 · · ·	거실 확장 2개동으로 분리 2층 창문 추가 층간 베란다 추가 실외기 위치 변경

배치도의 중요성

배치도는 부지 내 건물의 위치를 나타내는 도면이다. 설계단계에서 많은 시간을 평면도에 투자해 막상 집에서 마당으로 나가는 길이나 주차하고 집으로 들어오는 동선 등에 대해 뒤늦은 고민이 시작됐다. 집에서 창고로 가는 동선을 어떻게 할지, 경사로로 생긴 절벽 구간을 어떻게 처리해야 안전할지 결정할 사항이 의외로 많았다. 정화조, 수도 계량기, 임시전기 계량기, 대문, 쪽문, 에어컨 실외기, LPG 가스통, 야외 수도 위치 등은 배치도를 그릴 때 함께 반영해야 할 요소이다.

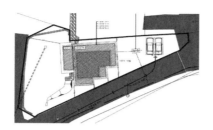
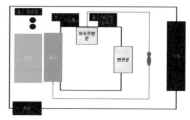

잔디에서 보조주방으로 가는 동선

현관문 왼쪽 통로로 마당을 가는 동선

요즘 도시가스가 들어오지 않는 지역은 대형 LPG 가스통을 설치하는 것이 추세다. 가스 충전을 위해 주기적으로 대형 벌크차가 들어오는 동선까지 생각해야 한다. 정화조는 맨홀 뚜껑이 2개 생기는데, 그 위에 무거운 물건을 두거나 차량이 지나가면 파손될 수 있으니 위치를 잘 잡고 항상 주의해야 한다. 에어컨 실외기는 사람의 시선에서 보이지 않는 곳이 좋다. 배관은 연장할 수 있기에 공사 중이라도 이동할 수 있다. 배치도가 잘 짜여 터파기부터 각각의 위치를 잘 잡아 놓으면 시공을 원활하게 만들어 주고, 무엇보다 구조물 간의 동선을 최적화하여 건축주가 사는 데도 편리하다.

평면도의 중요성

배치도가 부지 내 건물의 위치를 정하고 사람들의 동선을 정하는 도면이라면, 평면도는 집 내부 공간과 동선을 정하는 도면이다. 설계도면만 한 달 동안 100번 이상 바꾸며 좋은 방향으로 개선했는데도 막상 집을 짓고 나니 아쉬운 점이 남는다. 한 예로, 1층과 2층의 층간을 베란다로 할지, 기와지붕으로 할지 고민을 많이 했다. 베란다로 시공하면 2층에 야외 공간이 생기는 이점이 있고, 기와로 지붕을 만들면 미적 디자인을 강조할 수 있다. 사람마다 취향이 다르겠지만, 내가 경험한 바로는 주택에 살며 막상 2층 베란다에 나갈 일이 많이 없다. 그래서 1면 정도만 있으면 충분하다고 생각했다. 4면에 베란다를 시공하면 방수공사와 펜스 설치가 필요하므로 공사비도 더 올라간다.

배란다 4면 층간구조

층간 기와시공

vs

평면도를 구상할 때는 사는 집의 화장실 크기 및 복도 너비 등을 직접 줄자로 측정하고, 공간의 느낌을 간접적으로 경험하면서 그렸다. 호텔에 숙박할 기회가 있으면 줄자를 가져가 변기 위치와 문의 거리를 재보고 변기에 앉아 휴지걸이와 비데 스위치까지 손을 뻗어보면서 평면도를 수정했다. 예를 들어, 화장실, 침실1, 침실2의 방문은 되도록 서로 가깝게 위치를 정했다. 침실1에서 침실2로 이동할 때와 침실1, 2에서 욕실로 이동할 때 모두 동선이 짧은 장점이 있다.

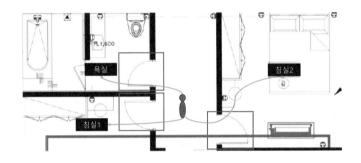

침실과 욕실의 동선

안방 평면도는 방문에서 메인 침실로 출입하는 문 대신 아치형 게이트를 만들었다. 욕실은 변기와 샤워실을 분리하고 건식으로 설계했다.

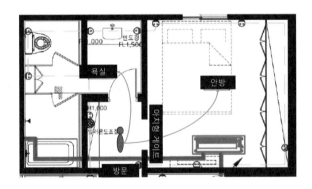

안방 평면도

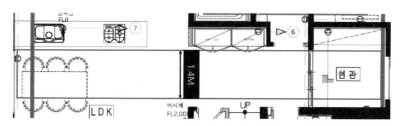

1.4m 폭을 유지한 복도

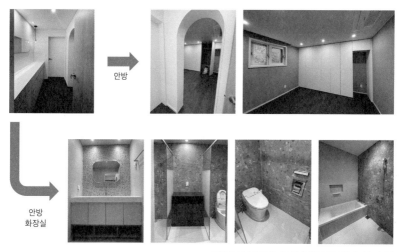

안방

안방
화장실

안방으로 들어가는 동선과 화장실로 들어가는 동선

평면도 작업에서 가장 중요한 고려 대상은 가구의 위치이다. 설계단계에서 가구업체를 선정해 동시에 설계를 진행하는 것이 좋다. 설비 단계에서 배수구의 위치를 정하고, 전기 단계에서 스위치와 조명 위치 등을 결정해야 한다. 대면형 주방의 경우 후드 위치를 잡고 냉장고와 스타일러, 충전형 청소기 등을 둘 곳도 미리 정해야 전기 배선을 짤 수 있다. 천장형 시스템에어컨을 설치하기 위한 타공 자리도 봐둬야 한다. 이런 작업을 미리 해두기 위해, 가구업체를 미리 선정하는 것이 중요하고 설령 정하지 못하더라도 어느 정도 가구 설계를 도면에 반영해 변수를 최소화할 수 있어야 한다.

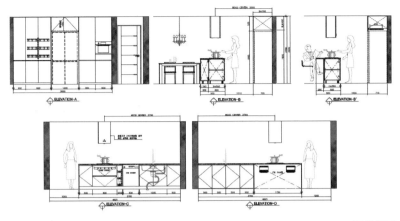

가구설계도면

시공과 실생활에 도움이 되는 설계도 그리기

• 습식욕실과 건식욕실

화장실은 공간이 허락하는 한 크고 쾌적하게 그리면 좋다. 신축 현장의 화장
실은 총 3개로 거실 화장실을 제외하고 나머지 화장실 2개는 변기, 세면대, 샤
워부스, 욕조 등을 한 공간에 넣기 위해 면적을 크게 그렸다. 이들은 모두 건
식으로 계획했다. 사람마다 취향이 다를 수 있지만, 화장실에 들어갈 때 문지
방이 없어 슬리퍼를 신지 않아도 된다. 욕실 바닥에 카페트를 깔면 발바닥에
닿는 보드라운 느낌이 좋고, 물청소 대신 진공청소기를 사용하기 때문에 관리
도 쉽다.

건식욕실은 세면대와 변기부 바닥에 난방공사를 하고 물기 없이 사용하며 욕
조나 샤워부스 부분에만 물을 사용하는 욕실이다. 시공법은 바닥 방수공사를
하고 난방을 일반 방바닥 시공처럼 연결하면 된다. 리모델링의 경우는 욕실
바닥을 뜯고 바닥난방을 연결하면 건식 욕실을 만들 수 있다. 여기서 바닥 타
일과 복도의 마루높이를 맞추고 싶다면 타일마감과 마루마감 단차 만큼을 미
리 계산하여 욕실 바닥 높이를 더 낮게 하면 된다. 난방이 들어오는 화장실 바
닥은 겨울에 큰 장점이다.

습식욕실은 욕실 바닥 높이를 10㎝ 정도 낮춰 콘크리트 타설한다. 이는 바닥 타일마감 후 높이가 복도나 방보다 낮게 하여 물을 사용하는 욕실에서 혹시 물이 넘쳐도 다른 공간으로 넘어가는 걸 방지하기 위함이다. 또한 욕실에서 사용하는 슬리퍼가 문에 걸리지 않도록 바닥은 60㎜ 이상의 단차를 확보하는 것이 좋다.

종류	내용	특징
건식욕실	•화장실 바닥에 난방공사 시공으로 물기 없이 사용 •욕조와 샤워부스 바닥 부분에만 물을 사용	물청소 필요 없음 슬리퍼 필요 없음 진공 청소기로만 관리 가능
습식욕실	신축 콘크리트 골조공사 시 욕실 부분을 10㎝ 낮춰서 타설	물청소 필수

• 변기와 세면대 위치

변기는 문에서 멀리 떨어질수록 좋다. 물론 개인의 취향에 따라 변기를 문 근처에 설치하거나 구석진 곳에 세면대를 놓기도 한다. 중요한 것은 변기 공간의 폭을 최소한 80㎝ 두고 휴지걸이, 수건걸이 등 필수 욕실 액세서리의 위치를 사전에 정해 놔야 한다. 변기에 비데가 설치된 경우라면 비데 리모컨의 위치도 생각해야 한다.

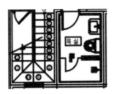

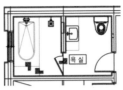

거실 화장실　　　안방 화장실　　　2층 화장실

• 샤워부스와 욕조

샤워부스와 욕조 중 하나만 설치해야 한다면 무엇을 선택하면 좋을지 고민했
다. 거실 화장실은 손님들이 사용한다는 가정으로 욕조보다는 샤워부스를 선
택했다. 화장실 크기가 작았기 때문에 욕조보다는 샤워부스가 실용성이 높았
다. 샤워부스를 만드는 업체에 의뢰하면 사전 실측을 하고 제작 및 시공하는
데 일주일 정도면 시간이 충분하다. 현장 설치는 몇 시간 걸리지 않고, 비용도
크게 높지 않다.

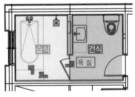

거실 화장실　　　안방 화장실　　　　2층 화장실

구분	화장실 크기	욕조 / 샤워부스	습식 / 건식
거실 화장실	작다	샤워부스	• 모두 건식으로 사용
2층 화장실	크다	샤워부스 + 욕조	• 습식으로 사용하는 부분은 **샤워부스**와 **욕조**
안방 화장실	크다	샤워부스 + 욕조	

각 화장실의 구조

방 설계하기

• 다양한 목적의 알파룸

신축 아파트 트렌드는 4bay 구성으로 방과 거실을 일렬로 나열하되, 거실과 욕실, 주방이 점점 커지고 방은 작아지고 있다. 또한 현관 일부나 보조주방에 팬트리 공간을 크게 제공하는 등 수납 역할이 강조되는 추세이다. 이렇게 거실, 식당, 부엌이 LDK(Living + Dining + Kitchen)로 묶여 주요 생활공간이 되고, 방은 단순한 취침 공간으로 여겨지면서 침대와 협탁, 붙박이장 정도로 최소한으로 계획된다. 앞에서 언급한 욕실이나 수납공간, LDK에 설계 디자인이 더 집중되고 있다는 뜻이다. 집 짓기의 가장 큰 매력은 가족의 취향과 라이프스타일에 맞춰 평면도를 그릴 수 있다는 점이다. 자녀들 방에 가족실을 붙일 수도 있고, 다락방을 만들어 취미실을 꾸밀 수도 있다. 각 방을 욕실이 포함된 마스터룸으로 만들면 구성원의 프라이버시가 존중되는 독립적인 공간으로 운영할 수 있으며, 이는 별장이나 펜션으로 사용될 때도 큰 장점이 된다.

• 창문과 소방창 위치 정하기

창문을 집의 어느 방향에 어떤 크기로 둘지도 중요한 요소이다. 신축주택은 원하는 만큼 창문을 늘릴 수 있는 장점이 있으나 단열을 고려한다면 되도록 창을 적게 내고, 특히 북측 창은 최소화하는 것이 좋다. 거실이나 주방의 통창은 외부 풍경을 집안으로 끌어들이는 멋진 효과를 낼 수 있지만, 방의 창문은 단열과 프라이버시를 생각해 큰 창은 피해야 한다.

2019년부터 2층 이상 주택에는 소방관 진입창 설치가 필수가 되었다. 불이 났을 때, 소방관 진입이 유리하도록 꼭 단창으로 시공해야 한다. 또한, 소방차가 진입할 수 있는 도로 쪽에 있는 창문을 소방창으로 만든다.

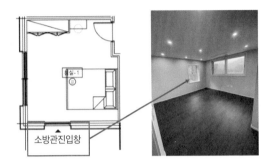

소방창 위치 정하기

• 전기는 미리 설치하자

전기 공사는 평면도의 가구 배치에 따라 콘크리트 타설 전에 배선한다. 물론 콘센트나 스위치 위치는 후에도 변경이나 추가가 가능하지만, 애초에 정확하게 계획할수록 모든 공정이 깔끔해진다. 가구 위치에 따라 간섭이 없는 콘센트는 물론 TV 위치를 예상하여 통신선도 모두 정해 두어야 한다. 거푸집을 세우기 전에 들어가야 하는 작업이기 때문에 골조팀과 전기팀의 사전 스케줄 확인이 필요하다.

전기 배선 작업

시스템 에어컨 위치

시스템 에어컨을 설치하기 위해서는 천장 배관과 실외기 위치를 먼저 고려해야 한다. 골조와 전기 분야 모두가 사전에 그 내용을 공유해야 콘크리트 타설전에 실외기로 연결되는 덕트를 심을 수 있고, 그게 아니라면 전기와 설비 배선 시 함께 진행해야 실수가 적다. 새집의 경우 평면도에서 각 방의 출입구와 가구 위치를 생각해 모든 에어컨 자리를 정해 놓고, 제품 사이즈별로 목공업자가 천장 타공을 해 놓았다. 제품 사이즈를 미리 확인해 내장 목수에게 전달하는 게 바람직하다. 실외기의 경우 위치를 바꾸면 그만큼 추가로 자재와 작업 비용이 늘어나기 때문에 애초 계획을 제대로 잡는 것이 결국 공사비용을 줄이는 방법이다.

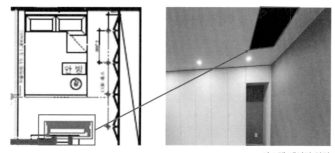

시스템 에어컨 위치

설계도면을 보는 방법

설계도면 중 알면 도움이 되는 용어들이 있다. 배치도를 보면 인접대지 경계선, 건물 처마선, 건물 외벽선, 건물 중심선이 표시되어 있다. 단어의 의미를 풀어 설명하고 예시를 들어 적용해 보겠다.

인접대지 경계선은 남의 땅과 내 땅의 경계가 만나는 선이다. 이를 기반으로 건축물의 위치를 정할 수 있다. 지방자치단체의 조례로 건축물은 인접대지 경계선에서 반드시 떨어져서 지어야 하는데, 이를 대지 안의 공지라고 말한다. 옆에 있는 땅에 바로 붙여서 건축물을 지으면 안 되기 때문에 이런 법이 존재

한다. 건축선은 도로와 대지가 만나는 경계선이다. 건축물과 인접대지 경계선이 거리를 두고 떨어졌듯이 도로와 건축물도 거리를 이격해야 한다. 나의 경우는 인접대지 경계선은 0.5m, 건축선은 1m로 이격을 두었다.

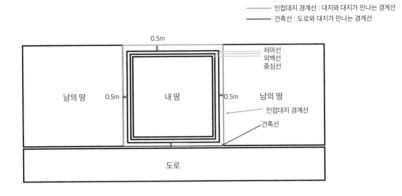

인접대지 경계선	대지와 대지가 만나는 경계선
건축선	도로와 대지가 만나는 경계선
대지 안의 공지	인접대지 경계선과 건축물 간의 거리를 비워 놓는 공간

건축선과 인접대지 경계선

동결심도는 땅이 얼 때 그 경계가 되는 지반 깊이를 말한다. 콘크리트로 바닥을 만들 때 동결심도를 고려해서 시공해야 겨울철을 지나고도 문제가 없다. 아래 도면 속 표시한 부분이 동결심도를 고려한 기초 콘크리트의 깊이다. GL(Ground Level) 평지 기준에서 땅속으로 900mm 내리는 것으로 기초의 깊이를 잡았다. 동결심도보다 아래로 기초를 잡으면 된다.

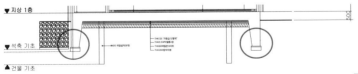

동결심도

건물 외벽선	콘크리트 + 단열재 + 외장재
건물 중심선	콘크리트의 중앙
건물 처마선	지붕이 나오는 길이선

건물 중심선은 콘크리트 두께가 200mm라면 그 가운데가 중심선이다. 외벽선은 중심선에서 단열재와 외장재가 추가된 두께를 말하고 처마선은 지붕이 나오는 길이선을 말한다.

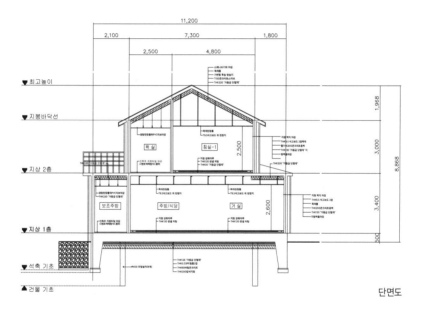

단면도

단면도를 보면 어떻게 벽이 구성되는지 알 수 있다. 두께 200mm 콘크리트 벽 중심선에서 바깥쪽으로 135mm 두께의 단열재가 들어가고, 여기에 벽돌 외장재를 붙여 외벽을 마감한다. 콘크리트 중심선에서 내부 방향으로는 목재 틀을 세우고 두께 9.5mm 석고보드 2겹을 시공한 후 벽지로 내벽을 마감한다. 단면도에는 천장의 높이도 표시되어 있다. 바닥부터 천장까지의 높이는 3,400mm로 정하고 천장 배관과 시스템 에어컨, 그리고 거실 우물천장까지 고려해 700mm 정도의 상부 공간을 확보하면 실제 층고는 2,500~2,600mm이 나온다.

종합적으로 정리해보자면 배치도상에 표시된 인접대지 경계선, 건축선, 외벽선, 처마선, 중심선 등은 건물과 주변 땅 그리고 도로와 적당한 거리를 두기 위해 존재하는 개념이라고 이해하면 된다. 단면도 상에 표시된 각종 두께의 자재들은 내·외부 마감을 표시한 것이고, 건물의 천장 높이와 동결심도로 건물을 구성하고 있는 구조를 알려준다.

건축신고와 건축허가의 차이

관리지역, 농림지역, 자연환경보전지역에서 연면적 200㎡ 미만, 3층 미만은 건축신고가 가능하고 그 이상은 건축허가로 진행하면 된다. 이번에 신축한 단독주택은 건축사사무소에서 작성한 기본설계 도면으로 건축신고를 진행했다. 건축신고는 건축허가에 비해 제출해야 할 서류가 적어 설계업무 단계에서 많은 시간을 절약할 수 있다. 건축신고에 필요한 기본설계 도면에는 평면도, 배치도, 단면도, 입면도, 지붕 평면도, 오배수 계통, 내진설계 등이 포함된다. 건축사사무소에서 작업하지 않은 전기도, 설비도, 창호도, 천장도, 욕실 상세도 등은 셀프로 그려 공정별 시방서로 활용했다. 직접 그린 도면 덕분에 공사단계별 시공업자들과 상세하고 정확한 커뮤니케이션이 가능했다. 또한 조명기구, 콘센트, 타일 등 자재의 필요량을 산출하여 공사비 예측도 보다 정확하게 할 수 있었다.

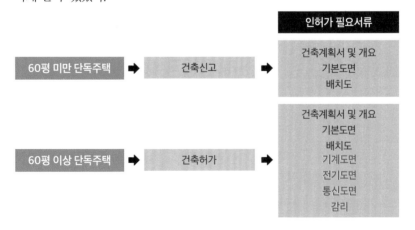

일반적으로 도시지역에서는 연면적이 $100m^2$(30평)를 초과하는 신축은 건축허가 대상이다. 관리지역, 농림지역, 환경보전 지역에서는 연면적 $200m^2$(60.5평) 이상이 허가 대상이다. 허가 대상 건축물은 건설업 면허를 가진 회사가 직접 시공해야 하며, 건축주 직영공사가 법적으로 불가하다. 직영공사를 원한다면, 연면적이 건축허가 대상으로 넘지 않게 조정해야 한다.

개발행위허가 및 산지전용허가

건축 인허가에는 개발행위허가와 산지전용허가도 포함된다. 관리지역의 임야를 대지로 바꾸기 때문에 산지전용허가를 받아야 했다. 농지를 개발하려면 농지전용허가를 받아야 한다.

● 개발행위허가 : 이 땅에 개발을 하겠다. 집을 짓겠다
● 산지전용허가 : 산지의 형질을 변경하겠다 / 산에서 대지로 바꿔 집을 짓겠다

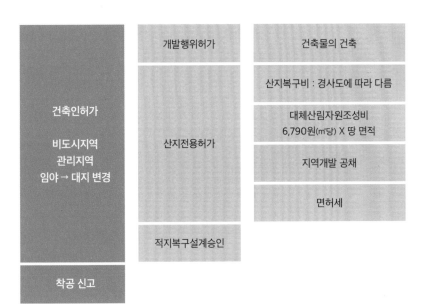

• 개발행위허가란?

난개발을 방지하고 계획적으로 개발행위를 하기 위한 제도다. 서울시의 도시
계획용어사전을 보면, '개발행위란, 건축물의 건축 또는 공작물의 설치, 토지
의 형질 변경, 토석의 채취, 토지 분할, 녹지지역·관리지역·자연환경보전지
역에 물건을 1개월 이상 쌓아놓는 행위를 말한다'고 나와 있다.

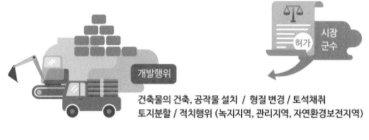

개발행위와 개발행위허가 절차 ©서울특별시 도시계획국

• 산지전용허가란?

산지를 집을 지을 수 있는 땅으로 바꾼다는 의미로, 아래 열거된 세금을 납부
해야 한다.

● 대체산림자원조성비 : 임야면적에 비례해서 허가증을 받기 위해 국가에 납부하는 세금
● 산지복구비 : 훼손된 산지를 복구하기 위한 증서
● 지역개발공채
● 면허세

• 적지복구란?

훼손된 지역의 재해를 방지하기 위한 시공으로, 적지복구설계승인도 받아야
한다.

건축 인허가 지연을 예방하는 방법

인허가는 '인가'와 '허가' 단어가 합쳐진 말이다. 인가는 일정한 요건을 충족하면 되고, 허가는 금지된 사안을 풀어주는 의미로 이해하면 된다. 건축허가를 받으면 1년 안에 무조건 착공에 들어가야 한다. 그렇지 않으면 건축 인허가는 무효가 된다.

건축 인허가 신청서에는 지적도, 경계측량, 설계도면, 대지위치, 대지면적, 건축개요, 건물개요 등의 서류가 필요하다. 이것을 건축주가 다 준비해야 하는 것은 아니고 건축사사무소가 대행해 준다. 하지만 세상에 돈을 주고도 마음대로 안 되는 것이 건축 인허가 승인이다.

건축 인허가를 위한 사전 작업으로 토목설계사무소와 건축설계사무소를 통해 토목과 건축설계에 대한 도면을 그리기 시작한다. 토목설계는 경계측량 후 배수도, 정화조, 경사로, 토목 수평화 작업 등에 대한 내용을 담아 도면을 그린다. 건축설계는 건폐율과 용적률을 참고하여 배치도, 평면도, 단면도 등을 작업한다. 지금까지 글을 읽어보면 건축 인허가를 위한 준비과정에 큰 변수가 없을 것 같아 보이지만 사고는 예고 없이 찾아온다.

건축 인허가 프로세스는 지역마다 다르지만 보통 짧으면 2주, 길면 한 달 이상이 소요된다. 첫 전원주택의 건축 인허가가 1달 이상 소요되었다. 보완사항에 제동이 걸렸기 때문이다. 말 그대로 건축 인허가를 내주는 데 문제가 있는 부분이 있으니 이를 보완하라는 시정내용이다. 토목설계사무소에서 정화조의 위치를 정해주었는데, 알고 보니 집 뒤쪽에 정화조 배관이 있어 그 배관 위치에 설계도면을 다시 그려 제출하라는 지적 사항이었다. 이를 처리하는 데 최소 2주가 걸린다고 통보를 받았지만, 결국 1달 넘어 해결되었다. 토목설계사무소 측에 왜 정화조 배관 위치를 미리 확인하지 않았는지 불만을 토로했다. 나라도 지역 군청에 찾아가 사전에 문의했더라면 이런 문제를 예방하지 않았을까 아쉬움이 남는다.

땅을 살 때 뿐만 아니라 건축 인허가 신청 과정에서도 변수를 줄이기 위해서는 지자체 관할부서로 궁금하고 애매한 내용을 재차 확인하는 과정이 필요하다. 매입한 땅이 건축이 불가능한 땅이라는 충격적인 소식을 들을 수도 있고, 건축을 할 수 있지만, 상수도 인입이 어려워 집짓기가 불가능할 수도 있다. 계획대로 집을 짓기 위해서는 넘어야 할 산이 최소 100개는 되는 것 같다. 10%인 10개 정도는 실수로 인정할 수 있다. 인건비와 자재값이 상시로 변동하고 지형과 기후에 따라 공사 기간이 연장될 수 있기에 10% 정도의 변동 폭은 기본적으로 가져가는 게 맞다.

건축 인허가는 빨리 받고 싶어도 정해진 프로세스가 있어 쉽지 않다. 보완사항이나 기타 문제로 인한 지연 없이 기간 내에만 나와준다면 성공이다. 건축 인허가에 제출된 서류로 인허가가 결정되면 최선의 결과다. 건축주가 기본적으로 가져야 할 자세는 '1%의 지시와 99%의 확인'이다. 지시는 여러 번 할 필요 없이 한 번만 하고 이 지시를 제대로 따라하고 있는지 99번 확인하자는 뜻이다. 집 짓기에는 많은 변수가 존재할 수밖에 없다. 이를 최소화하고 목적을 계획대로 달성하기 위해서는 건축주는 끊임없는 확인을 거쳐야 한다.

공사의 시작을 알리는 착공신고

기공 : 공사 시작
착공 : 진짜 땅 파는 공사 시작
시공 : 지붕까지 올리고 공사 완료
완공 : 공사완료지만 준공 전 단계
준공 : 행정관청으로 공사완료 승인

지금까지 땅도 매입했고 건축사사무소를 통해 어렵게 건축 인허가를 받은 당신은 실제 집 짓기의 시작을 알리는 착공신고를 해야 한다. 착공신고는 보통 3일 이내에 처리되는데, 역시 건축사사무소에서 대행해준다. 건축사사무소에서는 인허가 신청, 착공신고, 사용승인 요청 이렇게 크게 3가지 업무를 맡는다. 그중 두 번째 착공신고는 공사의 시작을 알리는 단계이다. 토지개발행위 허가를 받았다면 착공신고 전이라도 토목공사는 가능하지만, 건축물 공사는 착공신고 이후에 진행해야 한다.

설계변경 허가와 신고, 그리고 경미한 사항 변경

인허가를 마친 후 설계도면을 변경할 일이 생긴다. 나의 경우는, 지하에 위치한 창고를 지상 1층에 올리게 되면서 설계변경 허가를 받아야 했다. 또, 2층 복도 부분도 다른 아이디어가 떠올라 설계변경을 해야 했다. 수정된 벽체 이동 거리가 1m를 넘지 않으면 허가 대신 변경 신고를 하거나 사용승인을 요청할 때 일괄 반영할 수도 있다. 변경 허가를 할 때는 시간과 돈이 더 들어간다고 볼 수 있다.

1. 설계변경 허가 : 바닥 면적 합계가 85㎡(25.7평) 초과 증축, 개축
2. 설계변경 신고 : 바닥 면적 합계가 85㎡(25.7평) 미만 증축, 개축
3. 경미한 사항 변경 : 바닥면적의 합계가 50㎡ 이하인 경우 5가지 항목을 충족해야 함.
   A. 변경되는 높이가 1m 이하이거나 전체 높이의 10분의 1 이하일 것
   B. 대수선에 해당되는 경우
   C. …
   D. …

집을 지어보니 설계변경은 원치 않아도 강제적으로 해야만 하는 상황도 생긴다. 현장 작업자들은 본인이 맡은 일에만 신경 쓰기 때문에 도면의 지시 사항을 지나치는 경우가 있다. 반장급 작업자에게 수시로 작업지시를 해 두어도 바쁜 스케줄 탓에 지시 내용을 잊기도 한다. 이런 상황에 일일이 스트레스를 받기보다는 인테리어 공사를 하면서 만회할 수 있는 방법을 찾는 것이 낫다. 신중하게 도면을 그려 인허가를 받아도 시공 과정 중 변경이 이루어지는 현장이 90%가 넘는다고 한다.

산재보험과 고용보험은 언제 가입할까?

직영공사를 할 때는 착공신고 직후(대개 14일 이내)에 건축주가 산재보험과 고용보험에 의무적으로 가입해야 한다. 골조공사 사장님이 산재보험 가입 여부를 물어보면서 자신의 인생 이야기를 들려주었다. 한때 건설업자로서 법인회사를 운영할 정도로 남 부럽지 않은 자수성가를 했다고 한다. 하지만 모든 사업이 그렇듯 위기가 찾아왔다. 인부 중 한 명이 공사 중 추락하는 사망사고가 일어났고, 병원에서 유가족을 만났다고 한다. 합의는 잘 되었지만, 과거 산재보험의 보상범위가 작아 보험사에서 주는 보험금으로는 합의금을 충당하지 못했고, 직접 억 단위의 돈을 마련했다고 한다. 그때 한 번 사업이 기울기 시작했고, 이후 잔금을 주지 않는 악덕업체까지 만나 건설업체를 접었다고 하셨다. 지금은 골조공사 일을 수주하면서 성실히 돈을 벌어 손주들과 소소한 일상을 보내고 있다신다.

사고는 예고가 없다. 직영공사에서 사고가 일어나면 모든 책임은 건축주에게 있다. 산재보험에 가입하고 안전하게 공사하는 것은 당연하다. 과거에 자기 집을 짓고 있던 대학교 동기를 만난 적이 있는데, 현장에서 작업자 한 명이 바닥에 떨어졌는데 산재보험 가입을 안 한 상태였다는 것이다. 그때는 집 짓기에 관심이 없던 때라 흘려들었는데, 지금 생각해보니 그 친구는 엄청난 모험을 하고 있던 상황이었다. 다행히 떨어진 작업자는 심하게 다치지 않고 바로 일어나서 작업을 하러 갔다고 한다. 공사의 규모가 어느 정도 된다면 보험료 액수가 크겠지만, 돈이 아깝다고 보험에 가입하지 않으면 언제 어디서든 건축주의 계획이 물거품이 될 수도 있다는 점을 명심하자.

착공신고를 하기 전, 개발행위허가의 범위인 토목공사 중 사고가 일어나면 산재보험 미가입 기간으로 보상이 불가능하다. 그러므로 착공신고 이후 확인필증이 나오면 그 서류를 갖고 산재보험을 가입하고 토목공사를 시작하는 것이 안전하다. 모든 직영공사는 근로복지공단을 통해 산재보험에 가입해야 하고, 고용보험 역시 아래 두 항목만 제외하고는 의무사항이 된다.

> 가. 총공사금액이 2천만원 미만인 공사
> 나. 연면적이 100㎡ 이하인 건축물의 건축 또는 연면적이 200㎡ 이하인 건축물의 대수
> 선에 관한 공사

내가 짓는 집은 총공사금액이 2천만원이 넘으며 연면적이 $100m^2$ 이상이기 때문에 고용보험도 가입 의무 대상이다. 아래는 1억원 공사비를 기준으로 산재보험료와 고용보험료를 계산한 내용이다.

산재보험료와 고용보험료 산출(출처 - 근로복지공단)

건축주를 보호할 수 있는 보증제도

집을 짓다가 시공업자가 연락을 끊고 나타나지 않는다는 이야기도 종종 듣는다. 그런 난처한 상황에 대비하기 위해 SGI 서울보증에서 다음과 같은 보증보험을 운영하고 있다.

- 계약이행보증 : 계약 중지 또는 해지된 경우 보상
- 선급금보증 : 선급금을 다르게 유용한 경우 보상
- 지체상금 : 계약기간 공사를 못하는 경우 보상
- 하자이행보증 : 하자보수를 하지 않는 경우 보상

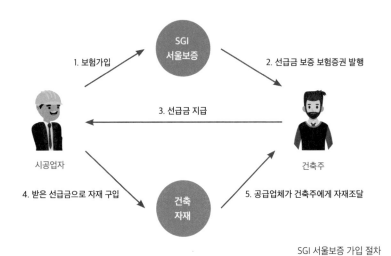

SGI 서울보증 가입 절차

처음 보는 시공업자에게 1억원이 넘는 돈을 줄 때 걱정하지 않을 사람이 몇 명이나 있을까? 나 역시 인터넷에서 알게 된 사람의 지인을 소개받은 경우라 시공업자에 대해 아는 건 이름과 업체명이었다. 건축주를 보호할 수 있는 제도적 장치(SGI보증의 계약이행보증과 선급금 보증보험 등)를 알아보고, 시공업자에게 보험 가입을 권유하기로 했다. 사람을 믿지 못하는 것이 아니라 일을 하다 보면 다양한 상황으로 인해 약속을 지키지 못할 수 있고, 인건비와 자재비 인상으로 가격을 올려 달라는 말이 나올 수 있기 때문이다. 보증보험 가입을 하지 않으면 계약을 할 수 없다고 말했고, 시공업자는 흔쾌히 SGI 서울보증에 가서 선급금보증보험을 가입했다. 시공업자가 기분이 불쾌하다고 거절하면 인연이 아니므로 간단히 헤어지면 된다. 집을 지어보니 세상에 내 집을 지어줄 사람은 많다. 다만 소개팅 후 상대방에게 연락이 오지 않는 것처럼 나와 맞는 사람을 찾는 과정과 시간이 오래 걸릴 뿐이다.

보험가입 프로세스

1. 시공업자가 보험가입을 하러 SGI 서울보증에 간다(온라인도 가능)

2. SGI 서울보증에서 건축주를 피보험자로 선급금 보증보험증권을 발행한다

3. 건축주가 선급금을 전자세금계산서를 받고 지급한다

4. 시공업자는 선급금으로 자재를 구입한다

5. 자재 공급업체는 자재를 건축주에게 납품한다

● 보증보험 가입은 시공업자가 한다

● 피보험자는 건축주다

● 보험이율은 1.7%다(2021년 9월 23일 기준)

● 보험비는 공사일수×일일 이자율이다. 1.7%/365 하면 일일 이자율이 나온다

보험료 = 공사일수 100일×(일일이자율 1.7%/365)×선급금 금액(부가세 포함)

직영공사 착공 시 꼭 확인해야 할 추가사항

직영공사 시 확인해볼 사항이 몇 가지 있는데 현장관리인제도, 기술지도계약서, 감리계약 등이다. 3가지 모두 안전한 공사와 제대로 된 건축시공으로 완성도 높은 건설공사를 위해 만들어진 제도들이다. 착공신고 시 현장관리인을 지정하고 기술지도계약서와 감리계약 내용을 첨부해서 제출하면 된다. 하지만 저자의 경우에는 단독주택 200㎡(60.5평) 이하 공사 규모와 건축신고 대상 건축물에 해당되어 현장관리인만 지정하여 착공신고를 제출했다.

종류	현장관리인	기술지도계약서	감리계약
법령	건축법 제24조 6항	건축법 시행규칙 제14조	건축법 시행령 제19조
내용	건축물의 건축주는 공사현장의 공정 및 안전을 관리하기 위하여 같은 법 제2조 제15호에 따른 건설 기술인 1명을 현장관리인으로 지정해야 한다	착공신고 시 건설재해예방 전문지도기관의 지도대상에 해당하는 경우 기술지도계약서 사본을 첨부해야 한다	건설공사가 설계와 관계법령대로 시공되는지 확인하고 건설공사의 품질 향상을 위한 제도다
제외	5천만원 미만 공사는 제외	•건축신고 대상은 제외 •공사기간 1개월 미만	단독주택 200㎡(60.5평) 이하는 건축주 지정감리

사용승인 전 준비해야 할 사항

공사가 완성되면 허가권자에게 건축물의 사용승인을 받아야 하는 절차가 남는다. 나의 경우, 사용승인을 신청할 때 단열재납품확인서, 도시가스완성검사필증, 상수도 영수증, 정화조준공검사필증, 도로명주소 표지판, 건물 현황측량성과도, 소화감지기 설치, 소화기 배치 사진 등을 제출했다. 이 부분은 공사 규모와 지역에 따라 상이할 수 있다. 사용승인 신청을 하면 집이 설계도대로 제대로 시공되었는지, 건축법상 문제가 없는지 등을 판단해 사용승인서를 교부한다. 우리는 흔히 '준공 받는다'고 표현하기도 한다. 사용승인 후 건축물대장이 만들어지면 건축주는 60일 이내에 법원에 소유권 등기 신청을 하여 건축물을 법적으로 등록하면 된다.

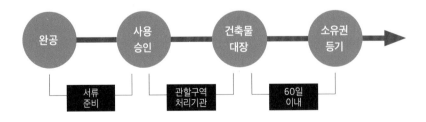

사용승인 준비서류

1. 정화조 설치 신고 준공필증

2. 상수도 납부 영수증

3. LPG가스안전확인서(필증)

4. 소화감지기 설치 후 사진 첨부

5. 소화기 1대 배치 후 사진 첨부

6. 도로명 표지판 설치 후 사진 첨부

7. 건축물 현황측량성과도

이때 도로명 표지판은 정부24 사이트를 통해 직접 신청한다. 신청 시기는 건축물 지붕이 올라갈 시점이라고 하는데, 신청과 표지판 제작까지 넉넉하게 2주 정도 소요된다는 점을 감안하면 준공 전에 미리 받아두는 것이 좋다. 사용승인 서류에 도로명 표지판이 부착된 집 사진을 첨부해야 할 때도 있다.

Chapter #3

시공하기

시공하기

앞으로 이야기할 모든 시공 관련 이야기는 첫 집을 지으면서 배운 지식과 느낀 점을 직영공사를 준비하는 일반인들과 공유하고자 하는 데 목적이 있다. 수십 명의 시공자를 발굴하고 함께 일하면서 좋은 시공업자를 찾는 방법을 깨달았고, 전체적인 공사관리에 대해 단기간에 풍부하게 경험할 수 있었다. 이런 점에서 집 짓는 이야기를 시공 방법이나 단순 지식을 전달하는 방식으로 접근하기보다는 개인적으로 실수했던 일들과 좋았던 경험들 위주로 풀어나가려고 한다.

집 짓기에 관심이 있는 사람들이 이 책을 읽고 직영공사의 시행착오를 줄이고 집을 지으면서 얼마나 즐거운 인연과 소중한 인생 경험을 할 수 있는지를 간접적으로나마 느꼈으면 한다.

턴키공사와 직영공사의 의미

집을 짓기 위한 토목과 건축설계가 완료되었다면 이제는 시공에 들어가야 한다. 가장 쉽게는 건설회사와 턴키(turnkey : 열쇠를 돌려 구동할 수 있을 만큼 모든 준비가 다 된 채로 인도하는 것) 계약을 맺고 맡기는 방법이 있지만 개인 주택은 건축사 사무소를 찾아 설계와 인허가를 의뢰하고 시공사를 찾아 시공을 맡기는 것이 일반적일 것이다. 이때 시공사와의 계약은 건축, 인테리어, 조경까지 포함시키거나 아니면 조경, 인테리어 공사는 별도로 계약하는 방법도 있다.

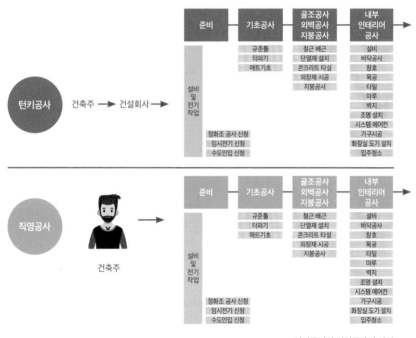

턴키공사와 직영공사의 차이

직영공사는 '건축주가 시공업체에 모든 공사를 맡기지 않고 각 공정별 시공업체를 직접 선정하여 부분도급으로 전 공사과정을 총괄하여 집을 짓는 것'을 말한다. 공사 단계별로 선정한 시공팀과 함께 일하며 건축주는 공사 중 일정 관리, 비용 집행, 감리, 현장 관리 등을 책임진다. 이런 점에서 직영공사는 개별 공정의 전문성은 높이면서 비용을 낮추고 밀접한 커뮤니케이션을 통해 건축주가 원하는 방향으로 프로젝트를 이끌 수 있다는 강점이 있다.

직영공사를 선택한 이유

주택을 지을 땅을 소개한 부동산중개소에서 목조공사를 전문으로 하는 시공업자를 소개했다. 중개업도 인적 네트워크 확장을 통해 다양한 사업 파트너들과 비즈니스를 함께 한다. 전원주택을 집중적으로 중개하는 부동산, 호텔업을 전문으로 하는 부동산, 타운하우스를 기획하는 부동산까지 각자 주요 타깃 고객과 중개 분야가 다양한 편이다. 나에게 집 지을 땅과 시공업자를 소개한 중개소의 경우, 전원주택 분야 업무를 중점적으로 하는 곳이었다.

한 목조주택 신축 현장에서 소개받은 시공업자와 만나 집을 구경했다. 인테리어까지 마무리되고 조경공사만 남은 상황이었다. 현관문을 열고 들어가니 실내는 목조주택이라 그런지 여름임에도 시원한 가운데, 2층에서 보이는 강가가 운치 있는 안락한 전원주택이었다. 시공업자가 마음에 들어 내가 계약한 땅에 그를 초대해 현장 미팅을 했다. 시공업자는 702m^2(212평) 대지에 전원주택 2개 동을 짓는 제안을 했다. 하지만 내가 계약한 땅은 넓은 마당이 있는 전원주택 건물 1개동으로도 충분했다. 2개 동의 건축물을 짓게 되면 주차공간이 부족해 추가적으로 토목비용과 주차장 조성 비용 지출이 불가피했다.

이번에는 다른 시공업자와 미팅을 했다. 그는 3.3m^2(평)당 최소 700만원 견적을 불렀다. 집을 지을 때 들어가는 총공사비용은 생각보다 크다. 건축물에만 들어가는 비용이 1억원이라면 넉넉하게 20% 정도가 더 지출될 생각을 해야 한다. 정화조, 각종 인입공사, 세금, 설계비용 등 건축공사 이외에도 돈이 들어가야 할 항목이 많기 때문이다. 무엇보다 시공사에 일괄도급으로 맡길 경우에 우려스러웠던 섬은 내가 알아보고 원하는 바를 사유롭게 시도하고 도전하는 데 눈치가 보이고 돈이 많이 든다는 것이다. 고민 끝에 목조주택이 아닌 철근 콘크리트 구조의 넓은 마당이 있는 2층 전원주택을 직영으로 짓기로 했다. 돈을 절감한다는 목적도 있었지만, 그보다 내가 짓고 싶은 집은 내가 가장 잘 알고 있다고 생각했기 때문이다.

건축업 및 건설업은 전문지식의 허들이 높고 대중들의 경험 빈도가 낮아 해당 분야의 전문 인력들이 이끌어가는 산업이었다. 하지만 최근에는 디지털 플랫폼에서 제공하는 최신 정보와 전문기술을 습득한 프로슈머(Prosumer, Producer + Consumer : 소비자가 제품 생산과 판매에도 관여하여 권리를 행사하는 것)에 의해 산업에 긍정적 자극과 변화가 일어나고 있다. 실제로 목공, 타일 공정에 대해서 전문가 수준의 지식을 갖춘 소비자를 부담스러워하는 시공업자도 생겨나고 있다. 물론, 이런 변화에 맞춰 직영시공과 셀프인테리어에 관심이 많은 개별 소비자를 대상으로 활동하는 시공팀도 늘어났다. 끊임없이 변화하는 세상 속에서 나만 바뀌지 않는다면 언젠가는 뒤처질 수밖에 없다. 무조건 새로운 방법이나 지식이 옳은 것은 아니지만 열린 마음으로 도전하고 관심을 가져야 시장은 좋은 방향으로 발전해 나간다.

직영공사는 턴키로 맡기는 것보다 여러 영역에서 수수료가 빠지므로 총 공사 비용을 줄일 수 있다. 하지만 단순히 비용 절감만을 위해서 직영공사를 하는 것은 아니다. 건축주 스스로 공부하고 시공업자를 찾아가면서 고생해 지은 건축물이 눈앞에서 지어질 때 느끼는 희열과 성취감은 직영공사를 통해서만 얻을 수 있다. 부업만으로 직영 건축을 이루어 낸 나를 보고 많은 사람이 건축주 직영공사에 대해 두려움을 떨구고 실천을 꿈꾼다면 좋겠다.

성공적인 시공을 위한 3가지 요소, DQC

수십 명의 시공업자와 만나면서 느낀 점이 있다. 발품을 많이 팔수록 좋은 성품의 시공업자와 만나 합리적인 가격에 시공할 수 있는 확률이 높아진다는 사실이다. 집을 지으면서 성격이 극단적으로 좋지 않은 시공업자를 만나 의사소통이 괴로웠던 적은 없었는데, 내가 그런 사람들을 높은 확률로 피할 수 있었던 이유는 결국 사람을 찾는 데 적지 않은 시간을 투자했기 때문이다. 첫 만남에서 느껴지는 이미지도 중요했지만, 시공에 대해 열려 있는 긍정적인 마인드를 가졌는지를 우선적으로 보았다. 지인을 통해 소개받은 사람이라도 대화해보고 일을 함께할지 말지는 냉정하게 판단하고 결정했다. 나름대로 성공적인 시공을 위한 3가지 요소를 정리해 보았다.

성공적인 시공을 위한 3가지 요소
DQC
(Discovery, Qualification, Communication)

단계	시공업자 찾기	시공업자 자질	의사소통 능력
요소	**D**iscovery	**Q**ualification	**C**ommunication
내용	최적의 시공업자는 발품을 많이 팔면 찾을 수 있다	시공업자의 능력보다 타고난 성품이나 마음가짐이 더 중요하다	시공업자와 건축주의 의견 차이를 좁힐 수 있다

•시공업자 찾기

요즘은 스마트폰 하나로 인터넷 접속도 가능하고 다양한 시공업자를 연결해 주는 앱도 있어 마음만 먹으면 터치 몇 번으로 시공업자를 구할 수 있다. 실제로 공사를 하면서 시공자 대부분을 인터넷과 앱을 통해 구했다. 다양한 사람들과 통화를 하면서 스케줄과 시공 범위를 상의하고 견적을 조율하고 계약하는 형태로 진행했다.

다만, 금액이 큰 공사 범위는 직접 현장에서 만나 시공에 관해 2시간 이상 충분히 상의한 후, 견적을 받아 일을 진행했다. 골조공사 같은 중요한 공정은 시공업자 선택에 긴 시간을 투자할수록 좋다. 그래서 스케줄을 정할 때 큰 공사 위주로 인력을 먼저 찾고, 타일이나 도어락 같은 작은 시공 범위는 후순위로 두는 것이 낫다.

•시공업자의 자질

시공업자의 자질은 타고난 성품이나 어떤 분야에 대한 능력을 밀한다. 시공 능력과 성품 모두 좋으면 최고이지만, 계획대로 완공하기 위해서는 일에 대한 긍정적인 자세가 더 중요하다고 생각한다.

시공 후 하자가 발생하여 연락이 안 되는 시공업자를 만나고픈 이는 아무도 없다. 대화가 잘 통하지 않는 사람과 일하고도 싶지 않을 것이다. 공사도 결국 사람이 하는 일이기에 그 사람이 어떤 생각을 하고 있는지에 따라 공사의 완성도가 결정된다.

• 의사소통 능력

의사소통 능력은 상대방에게 내가 가진 정보를 정확하고 효율적으로 전달하고 상대방의 말을 잘 이해하고 공감하는 능력을 말한다. 공사를 진행하다 보면 내가 생각한 내용을 정리하여 문서나 말로 전달했음에도 불구하고 상대방이 제대로 이해하지 못한 상태에서 잘못된 시공을 하는 상황이 발생한다. 이는 현장에서 충분히 일어날 수 있는 일이다.

직영공사를 하는 건축주는 끊임없이 시공범위를 확인해 시공업자와 공유하고, 문제가 생기면 즉각적으로 해결 방법을 제안하여 시간 내에 원하는 범위를 끝내야 한다. 이런 의미에서 아무리 좋은 실력의 시공자가 있더라도 건축주의 계획과 생각이 작업자에게 제대로 전달되지 않는다면 예상치 못한 변수가 일어나는 것이다.

시공업자와 협상하는 방법

내 집을 지어줄 시공업자는 인터넷, 지인소개 등 다양한 경로를 통해 쉽게 찾을 수 있다. 하지만 좋은 시공업자 그리고 나와 맞는 시공업자를 찾기는 어렵다. 내가 지은 집은 철근콘크리트 구조였기 때문에 총건축비의 상당 부분을 차지하는 골조공사업자를 찾는 일이 가장 중요했다. 그래서 시간이 가장 오래 걸렸다. 지인 소개와 인터넷을 통해 총 4명의 시공업자를 추렸다.

항목	A	B	C	D
자재비	건축주 구입			
노무비	높음	중간	중간	높음
소개받은 경로	지인 추천	지인 추천	네이버 블로그	지인 추천
특징	골조공사 전문	골조공사 전문 X	골조공사 전문	골조공사 전문

시공업자 A, B, C, D 비교표

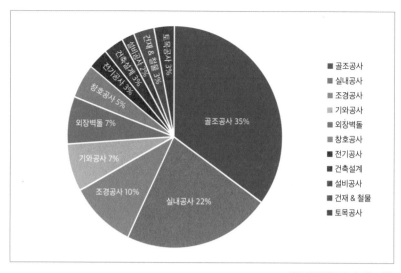

골조공사 35%

실내공사 22%

조경공사 10%

기와공사 7%

외장벽돌 7%

창호공사 5%

전기공사 3%

건축설계 3%

설비공사 2%

건재 & 철물 3%

토목공사 3%

■ 골조공사
■ 실내공사
■ 조경공사
□ 기와공사
■ 외장벽돌
■ 창호공사
■ 전기공사
■ 건축설계
■ 설비공사
■ 건재 & 철물
■ 토목공사

최종 공종별 공사비 지출 비율

•A 시공업자

지인에게 추천은 받았지만, 시공업자에 대해서는 아무런 정보도 없는 상태였다. 만나서 설계도면을 보여주니 바로 평당 가격을 말하면서 견적을 제안했다. 생각보다 건축비가 너무 높다고 했더니, 곧바로 화를 내며 돌아갔다. 충격을 받을 시간이 없을 정도로 순식간에 일어난 일이었다. '집짓기가 생각보다 쉽지 않겠구나' 하며 일찍 끝난 미팅에 맛있는 점심을 먹고 집으로 돌아온 기억이 난다. 감정 소모할 시간도 주지 않았던 그 시공업자가 아직도 강렬하게 인상에 남아 있다.

•B 시공업자

다양한 기술을 보유하고 있었지만, 골조공사를 전담한 경력은 부족한 상황이었다. 공사금액이 큰 시공이기 때문에 스스로 부담을 느끼고 포기를 했다. 아마 본인이 골조업자를 데려오면 중간에서 수수료를 떼야 하는데, 그렇게 되면 총공사금액이 올라가기 때문에 상황상 빠른 결정을 한 것 같았다.

• C 시공업자

블로그를 보고 연락한 사람에게 골조공사 하는 분을 소개받았다. 견적서를 받아보니 각 항목을 세분화하여 금액을 적어 깔끔하게 제안했다. 일단 견적서가 마음에 들어 미팅을 했다. 제안한 건축비도 나쁘지 않았고, 인간미 넘치는 분이라는 인상을 받았다.

• D 시공업자

지인의 강력한 추천으로 소개받은 D는 골조공사 경력도 많은 이였다. 실제로 시공 중인 현장에 가서 미팅을 했다. 모든 것이 완벽했지만, 가격이 높았다. 견적서를 보니 펌프카 횟수도 많고 세분화가 덜 되어 아쉬움이 남았다. 사실 대규모 주택공사도 아니고 단독 전원주택 공사였기 때문에 세분화되고 체계화된 견적을 기대하는 것 자체가 욕심이었다.

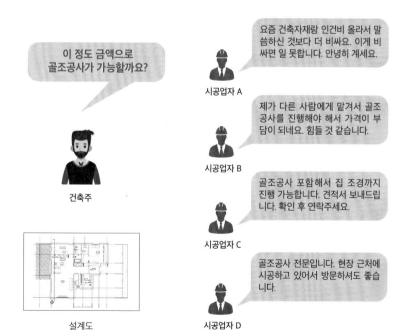

2명의 업자와는 인연이 되지 않았고 나머지 시공업자 C와 D의 견적 조건에 대해 비교분석을 하고 본격적인 협상을 준비했다. 보통 협상이란 것은 양쪽의 대립하는 주체들이 서로의 이익을 최대화하면서 손해는 최소화하는 방법으로 진행된다. 서로가 원하는 것을 가져가는 윈윈(Win-Win) 협상의 경우도 있을 것이고, 한 명이 모든 이익을 가져가는 제로섬(Zero-Sum)으로 협상이 실패할 수도 있다.

성공적인 협상을 위해 대학원 수업 중 배운 협상 기법의 하나를 떠올렸다. 심리학자이자 행동경제학자인 대니얼 카너만과 트버스키가 증명한 닻내림 효과(Anchoring Effect)이다. 한 제품의 시장가격이 4,000원이라고 가정해보자. 판매자가 제품을 5,000원에 판매한다고 가격을 먼저 제시하면 구매자는 가격협상을 5,000원에서 시작할 것이다. 5,000원이 이 협상에서 닻내림 효과가 적용된 가격이다. 구매자는 5,000원에서 1,000원(20%)을 할인받아 4,000원에 구매한다. 만약에 판매자가 5,000원이 아닌 4,000원을 제안했다면 구매자가 할인을 요구해 3,000원에 판매했을 가능성이 높다. 이 협상에서 닻내림 효과가 적용된 가격은 첫 제안가격인 4,000원이다. 결론적으로 판매자는 무조건 값을 올려 제안하고 구매자는 무조건 값을 내려 제안하는 것이 닻내림 효과를 최대화하는 방법이다.

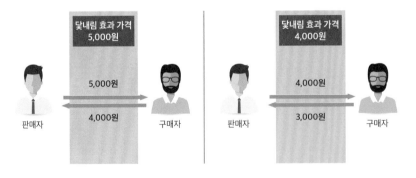

협상의 비법 : 닻내림 효과(Anchoring Effect)

이번에는 구매자가 미리 시장가격을 알고 있어 일부러 1,000원에 사겠다고 먼저 제안하면 이 협상에서 닻내림 효과가 적용된 가격은 1,000원이다. 판매자는 어떻게 해서든지 가격을 올려서 팔려고 하겠지만 4,000원에 판매할 가능성은 극히 적다. 판매자는 구매자가 제안한 1,000원에서 3,000원을 더 올려 팔아야 하는데 그렇게 되면 구매자가 구매를 포기하기 때문이다. 반대로 판매자가 제안한 5,000원에서 80% 할인을 해 1,000원 사겠다고 구매자가 역제안을 하면 판매자 입장에서는 수지가 맞지 않아 거래를 포기한다. 닻내림 효과를 누리기 위해서 말도 안 되는 가격을 제안하면 협상이 파기되는 최악의 상황이 발생한다.

집짓기 중 최악의 협상을 했던 경험이 있다. 건축자재를 주문했는데 배송이 오지 않아 문의해보니 배송지역 택배회사 창고로 와서 직접 가져가야 한다는 것이었다. 당황스러운 마음에 판매업체에 전화를 했다.

나 : 지금 바빠서 택배회사 창고까지 갈 수가 없습니다. 주문한 배송지 앞으로 택배를 보내주시면 감사하겠습니다. 그리고 택배가 상식적으로 목적지까지 도착해야 하는 거 아닌가요?

판매업자 : 말씀을 너무 심하게 하시네요. 그냥 취소 후 환불해 드리겠습니다.

당황스러운 마음에 전화를 했다가 더 당황했던 순간이었다. 그 건축자재는 현장에서 당장 필요한 것이었고, 그 회사가 아니면 자재를 구할 수 없는 상황이었다. 급하게 다시 전화를 걸었다.

나 : 죄송합니다. 제가 찾아가겠습니다. 전에 했던 말들은 실수였습니다.

판매업자분은 나의 말실수에 분노했고 택배를 목적지까지 배송해달라는 나의 억지스러운 제안에 환불을 결정한 것이다. 순간 상대방을 포기하게 만드는 것이 최악의 협상이라는 말이 떠올랐고, 그날 많은 반성을 했다. 이후 모든 판매업자들과 작은 협상을 할 때마다 과거의 기억을 교훈 삼아 무리한 요구를 하지 않는다.

골조공사 견적을 받은 상태에서는 이미 협상 가능한 닻내림 효과가 적용된 가격이 정해진 것이다. 이 견적서에 적힌 금액들은 공급자 입장에서 무조건 높게 해야 닻내림 효과를 극대화할 수 있다. 이미 공급업자에게 유리한 가격이 형성되었을 가능성이 높기 때문에 다른 방식으로 협상을 제안해야 한다. 건축자재는 건축주가 부담하는 조건으로 나머지 인건비와 장비 사용에 대한 부분만 계약할 것을 제안했다. 자재비도 골조공사에 있어서 큰 부분을 차지하기 때문에 가격 상승 요인을 최대한 제거하는 전략으로 협상을 진행했다.

시공업자 C를 선택한 이유

고민 끝에 시공업자 C와 계약하기로 했다. 이분은 30년 넘는 시공 경력과 법인까지 설립해서 회사를 운영했을 정도로 전문성은 믿을 수 있었다. 앞서 말한 것처럼 이분의 견적서를 받아보고 솔직히 깜짝 놀랐다. 첫 장 커버 페이지부터 시작해서 간결하고 상세한 견적이었다. 노무비와 자재비를 별도로 구분해 놓고 나머지 건축주가 부담해야 할 항목은 따로 빼서 기록하였다. 소개팅에서도 첫인상이 중요하듯이 견적서가 너무 깔끔해서 느낌이 너무 좋았다.

시공업자 C가 보내온 견적서

지금까지 만났던 업자들은 대부분 계산도 틀린 숫자들을 종이 위에 수기로 작성해서 사진을 찍어 보내곤 했던 터였다. 새벽 시간에 미팅을 잡고 약속 장소에 일찍 도착했다. 그런데 그분은 미리 도착해서 나를 기다리고 있었다. 그리고 도면을 보고 나에게 친절하고 자세히 공사 전반에 대해 설명해주었다. 그렇게 시공업자 C와의 인연이 시작되었다. 그는 골조공사 내내 단 한 번의 지각도 없이 새벽 6시 30분에 현장에 나왔고, 계약서에 명시된 공사 종료 일자에 맞춰 성공적으로 공사를 마쳤다. 중간에 몇 가지 문제가 있었지만, 후공정에서 만회할 수 있는 수준의 실수였기 때문에 별 탈 없이 공사가 마무리될 수 있었다.

첫인상은 역시 중요하다고 생각했고 인간이 느끼는 동물적인 감각 역시 생각보다 정확하다는 경험을 했다. 정말 좋았던 또 하나의 이유는 계속 나에게 도면을 요청했다는 점이다. 창호도를 달라, 설계가 변경된 부분이 있으면 수정해서 다시 출력해 달라 등 지속적으로 세부 도면을 요구했던 것이다. 건축사 사무소에서 기본설계 도면만 받았기 때문에 다른 상세도면을 갖고 있지 않았던 나는 그런 요청을 받을 때마다 급하게 도면을 작성해서 전달했다. 그렇게 일을 하다 보니 건축사의 수준까지는 아니겠지만 공사에 필요한 창호도, 설비도, 전기도 등 상세도면까지 작성할 수 있는 수준으로 성장했다.

직접 그린 세부 도면들

이 시공업자와 일을 같이 하다 보니 신뢰가 쌓이고 실력도 파악이 되어 골조공사가 끝난 후 간단한 공사를 맡기기로 했다. 인접대지 경계선 안쪽으로 야외 펜스를 설치하기 위한 옹벽을 쌓는 공사를 의뢰했고 골조공사가 끝나자마자 바로 펜스 옹벽을 시공하여 시간과 비용을 절감하는 효과를 봤다. 건축주 직영공사를 하다 보면 무림의 숨은 고수들을 만나는 경우들이 한 번씩 있는데, 이럴 때마다 기회를 놓치지 말고 그들의 능력을 발휘할 수 있는 시공 영역을 빠르게 찾아 추가적인 일을 제안하는 것이 서로에게 좋다.

펜스 옹벽

계약서 작성하는 방법

건축주 직영공사는 많은 공정의 시공팀과 상대해야 하는데, 매번 계약서를 작성하는 것이 현실적으로 불가능하다. 나는 금액이 1,000만원 이상 드는 공사에 대해서만 계약서를 요청했다. 계약서 양식은 국토교통부에서 나온 표준도급계약서를 사용하려고 했지만, 내용도 방대하고 이해하기 쉽지 않았다. 그래서 그중 필요해 보이는 항목만 선택해 도급계약서를 스스로 만들어 전기, 설비, 창호, 골조 등의 굵직한 공정의 계약을 진행했다.

자재가 많이 들어가는 공사에는 계약금 및 선급금이 많이 들어간다. 골조공사는 공사 기간이 한 달 넘게 소요되기 때문에 돈을 총 4~5번에 걸쳐 지급하였다. 1층 기초, 1층 벽체, 2층 벽체, 지붕, 비계 철거 등의 단계마다 돈을 입금했다. 모든 공사에는 계약서가 있으면 좋지만, 그것이 현실적으로 맞지 않는다면 견적서라도 꼭 챙겨 놔야 탈이 없다. 인간이기 때문에 시간이 흘러 까먹을 가능성도 있기 때문이다. 외장 벽돌을 주문했을 때 벽돌 가격을 구두로만 말하고 주문한 적이 있다. 벽돌을 실제로 받아 입금하려고 금액을 물어보니 서로 생각한 가격이 달라 난감한 경우가 있었다. 이런 일을 겪고 나서 계약서는 아니더라도 견적서는 받아 놓아야 공급업자와 건축주 모두에게 도움이 되는 일이라고 생각했다.

공사 도급계약서에 들어가는 내용은 아래와 같다. A4 3쪽 분량으로 계약서를 작성했다. 계약서를 총 2장 작성한 후 도급인과 수급인 각각 1부씩 보관하면 된다.

공사 도급 계약서

도급인 **OOO** (이하 "갑"이라 한다)와 수급인 **OOO** (이하 "을"이라 한다)는 **OOO** 골조공사에 대하여 다음과 같이 도급계약을 체결한다.

1. 공사명: **OOO**
2. 공사장소: **OOO**
3. 공사시작일: 계약체결이후
4. 공사종료일: OOOO년 OO월 OO일
5. 계약금액: **일금 OOO 원정 (OOO) / 부가세 별도**
   일금 OOO 원정 (OOO) / 부가세 포함
   은행명: 농협 OOO
6. 대금의 지급

	대금분류	금액	금액 (W)	부가가치세 (W)	총금액 (W, 부가가치세 포함)	설명
1	선급금					선급금 (자재 구입비용)
2	1차 중도금					1차 기초 완공시 (1층 바닥)
3	2차 중도금					1층 완공시 (2층 바닥)
4	3차 중도금					2층 완공시 (지붕포함)
5	잔금					아시바 및 자재 철수시
	총금액					

7. 하자담보 책임기간: 준공검사 후 목적물을 갑에서 인수한 날로부터 1년

- 공사명
- 공사장소
- 공사 시작일
- 공사 종료일
- 계약금액
- 대금의 지급
- 하자담보 책임기간
- 도급계약 일반 조건
- 계약 이행에 대한 동의
- 안전관리 및 재해보상
- 부적합한 공사
- 준공
- 법령의 준수
- 분쟁의 해결
- 선급금이행보증보험
- 특약사항

특약사항이라는 곳에는 계약서에 정하지 않은 내용을 적어 혹시 모를 변수에 대응하고자 했다. 예를 들어, 계약서에 명시한 건축비의 지급방식과 횟수가 상황에 따라 달라질 수 있다는 점, 건축주를 보호할 수 있는 선급금이행보증보험에 관련된 내용을 적는다는 등의 내용을 특약사항에 넣어 진행했다.

계약 실패는 더 좋은 기회를 만든다

공사를 진행하다 보면 계약이 파기되는 사례도 생긴다. 계약서 사인을 하고 난 뒤 업자끼리 가져가는 수익금 배분이 원활하지 않아 계약이 물거품이 된 적이 있다. A라는 시공업자와 계약을 했는데 A가 B에게 일을 맡기는 경우 건축주가 100만원을 주면 A시공업자는 소개비로 10% 정도, 즉 10만원 정도를 가져간다. 그리고 나머지 금액 90만원은 실제 일을 작업할 B에게 가는 원리다. 주택 건축 시장에서도 흔히 볼 수 있는 하청이다. 내 입장에서는 100만원만 주면 되고 그 100만원을 A와 B가 알아서 수익배분을 하면 되는 상황이었다. 하지만 두 업자 간의 정체 모를 신경전으로 인해 수익배분에 실패해서 계약이 파기되는 상황을 겪었다. 그 후 계약은 되도록 일할 사람과 직접 1:1 계약을 하는 것이 제일 깔끔하다고 생각했다.

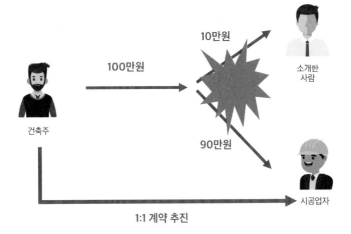

계약이 파기되고 난 뒤 아쉬움이 많이 남았다. 왜냐하면 골조공사 시공업자가 정말 마음에 들었기 때문이다. 이 골조공사 시공업자는 앞서 언급한 시공업자 C다. 어떻게 진행할까 고민하던 중 소개해주신 분이 시공업자와 직접 계약해서 일을 맡겨도 된다고 이해해 주셔서 시공업자 분에게 전화를 걸었다. 총 공사비용의 50% 정도가 골조공사 비용으로 들어가기 때문에 확실하게 짚고 넘어가야 할 부분이 많았다. 신뢰의 문제였다. 아무리 마음에 들어도 온라인을 통해, 그것도 한 다리 건너 소개받은 상황이다 보니 나에게도 안전장치가 필요했다. 내가 찾은 방안은 보증 가입이었다. 서울SGI 보증 계약 및 선급금이행보증 증권을 가입하는 조건으로 계약을 하겠다고 제안했다.

나 : 안녕하세요. 사장님 혹시 골조공사를 맡기려고 하는데요. 가능하실까요?

시공업자 : 가능하죠.

나 : 혹시 서울 SGI 보증에서 계약 및 선급금 이행보증보험에 가입해 주실 수 있나요?

시공업자 : 해본 적 없는데요. 하하.

나 : 제가 알려드릴게요. 못 믿는 건 아닌데요. 이번 한 번만 가입 부탁드립니다. 처음이니 이렇게 하고 다음 공사부터는 보험 가입 없이 할게요.

지도에서 골조공사 사장님이 사는 곳과 가장 가까운 영업점을 찾고, 거리뷰로 건물 사진을 캡처했다. 보험사 담당자와 통화를 해서 필요한 서류를 다 챙겨서 사장님께 전달했다. 그리고 전화와 문자를 주고받으며 계약서의 어떤 내용을 수정해야 보증보험을 가입할 수 있는지, 더 필요한 서류가 없는지 함께 알아보았다. 당일 방문해서 바로

직접 찾아 안내해 드린 보험사 영업소

보증보험 가입이 이루어졌다. 보증보험을 발급받고 나서 마음이 놓여 계약서를 전송했고 현장에서 각자 서명을 하고 골조공사를 시작하게 되었다.

'실패는 성공의 어머니'라는 말을 모르는 사람은 거의 없을 것이다. 나도 이 말은 알고 있지만 이번 집짓기 경험으로 실패가 더 나은 결과를 위한 필수적 과정이라는 것을 절실히 느꼈다. 이 작은 경험들이 쌓이면 '노하우'라는 것이 생기고, 그로 인해 실패를 하지 않는 선택만을 하기 때문에 결국 계획대로 목표를 성취하는 성공에 이르게 된다. 이번 계약 실패로 인해 다음 시공업자를 구할 때는 사업자가 있는지, 직접 시공을 하는지, 인력이 얼마나 있는지, 현재 작업 중인 현장에서 미팅이 가능한지 등 여러 가지를 사전에 확인하는 습관이 생겼다. 이런 시공업자에 대한 자격 검증을 사전에 끝내면 집을 지을 때는 작업자의 전문성과 수준을 이미 알고 있기 때문에 최악의 시나리오를 피할 수 있다.

좋은 시공업자와의 만남을 운의 영역이라고 말하는 사람들도 있다. 하지만 집짓기라는 프로젝트를 시작했다면 좋은 작업자를 만날 수 있는 확률을 올리기 위해 최선을 다하는 것이 건축주가 취해야 할 책임감 있는 행동이다. 건축주 보호를 위한 서울SGI 보증 가입도 시공자 입장을 고려해 최선을 다해 노력했다. 변수를 최소화하고 목적을 달성하기 위한 나의 책임감이었다.

좋은 시공업자를 찾는 세 가지 방법

세상에 좋은 시공업자는 많다. 하지만 내가 믿음이 가고 내 마음에 드는 시공업사를 찾는 건 쉽지 않다. 이런 건축주들의 가려운 마음을 아는지 최근에는 중개 플랫폼들이 대거 등장했다. 물론 누군가 인증했다고 내 집도 고품질로 나온다는 보장은 없다. 좋은 시공업자를 찾기 위해서는 건축주의 시간 투자가 필요하다. 대부분의 건축주들이 적은 노력으로 높은 만족을 얻고자 하기 때문에 시공자 찾기가 어렵다고 생각하는 것이다.

나는 좋은 시공업자를 찾기 위해 인터넷, 중개 플랫폼, 지인 소개, 업자 소개 등 가리지 않고 다 연락을 취하고 일단 만나보고자 했다.

• 상대방의 관심도와 의지는 어떠한가

직접 만나 대화를 나누면 그가 나의 일에 얼마나 관심을 갖고 있는지, 참여하고자 하는 의지는 얼마나 강한지 확인할 수 있다. 인터폰을 설치하기 위해 3곳과 연락했다. A 업체는 견적을 받고 비싸다고 했더니 알겠다며 냉정하게 전화를 끊었다. B 업체에 연락했더니 약속한 날짜에 비가 와서 방문이 힘들어 다음에 오겠다고 했다. 시간이 흘러 자연스럽게 잊혀져 연락을 다시 하지 않게 되었다. 마지막 C 업체에 연락했더니 당장 저녁에라도 가서 현장 상황에 맞는 제품을 준비해서 견적을 보내주겠다고 했다. C 담당자와 만나 현장 상황과 인터폰 설치 방법, 초인종 단말기 대수 등을 상의한 후 견적서를 받아 일을 진행했다. 이렇게 미팅을 하자고 제안해 보면 상대가 얼마나 나의 일에 관심을 갖고 있는지 판별할 수 있는 지표가 된다.

업체	반응
A	이거보다 싸면 못 한다
B	비가 와서 다음에 가겠다
C	오늘 저녁에라도 가겠다

• 시공에 대한 충분한 대화가 가능한가

좋은 시공업자를 찾기 위해서는 시공에 대한 충분한 대화가 필수라고 생각한다. 만남이 힘들다면 전화 통화로도 상대방의 의지와 생각을 알 수 있다. 벽지업체 사장님의 소개로 인테리어 시공자를 소개받았다. 심지어 이분과는 현장에서 미팅까지 마치고 견적을 기다리고 있는 상황이었다. 하지만 받은 견적에 이해가 안 되는 항목이 있어 전화를 걸었다.

나 : 문틀 작업이 별도로 견적에 들어가는 건 이해하는데, 너무 비싼 거 아닌가요?

시공업자 : 요즘 자재비와 인건비가 올라서요.

나 : 마이너스 몰딩, 주방 간접조명, 아치형 게이트 등을 하려고 하는데, 가능할까요?

인테리어를 어떻게 할 것인지에 대해서 대화를 하다 보니 30분을 넘게 통화하게 되었고, 결국 그분은 웃으면서 일을 못 하겠다고 하셨다. 건축주의 무리한 요구일 수도 있었으나 시공업자 쪽에서 먼저 거절 의사를 표현했으니 나는 깔끔하게 받아들였다. 그리고 바로 핸드폰을 들고 인스타그램을 통해 다른 시공업자를 찾기 시작했다. 그리고 반나절 만에 시공업자를 찾았다. 내가 이렇게 빠르게 다른 시공업자를 찾아 결정할 수 있었던 이유는 1시간 가까이 나눈 통화 덕분이다. 그는 내가 원하는 것을 듣고 더 좋은 아이디어를 제안해 시공에 대한 의지를 보여 줬다.

보통 시공업자가 작업한 결과물을 보고 실망하는 원인의 대부분은 건축주에게 있다. 대화를 통해 건축주와 시공업자 간의 의견을 충분히 좁히는 작업이야말로 시공업자가 일을 더 정확하고 제대로 할 수 있도록 하는 밑거름이다.

• 내가 찾은 시공업자를 좋은 시공업자로 만드는 것

내가 찾은 시공업자를 좋은 시공업자로 만드는 것도 한 방법이다. 이 역량은 집 짓기 뿐만 아니라 조직 내 사람들과 잘 어울려 지내는 처세술과도 연관된다. 수많은 시공자를 만나다 보니 각자 보유한 기술들이 한두 개가 아닌 것을 알 수 있었다. 스포츠 경기에서 선수들의 보유 역량과 기술을 안다면 상황에 따라 선수를 투입해 경기를 유리하게 풀어갈 수 있다. 공사 현장도 마찬가지이다. 인테리어 공정에 투입된 A 시공자는 전문 분야가 목공이었다. 하지만 이야기를 나눠보니 간단한 외장재 시공도 가능할 법했다. 관련 공구도 갖고 있었고, 경험도 있다고 했다. 마침 합성데크 소재로 외장을 마감하기로 되어 있어서 그에게 외장재 일부 공사를 맡기기로 했다. 건축주 입장에서는 하지 작업을 위한 철근공을 따로 찾지 않아도 되니 좋고, 시공자는 일을 더 할 수 있으니 서로 좋은 상황이다. 이런 일들이 현장에서 자주 일어났다. 결국 10개 공사에 투입될 10명의 시공자를 찾기보다 중요 공정의 시공자를 먼저 구한 후, 이들을 통해 추후 공사에 필요한 인력을 충당하는 것이 효율적인 방법이라고 생각한다.

시공업자	기본기술	전문기술	추가 전문기술
A	자르기 붙이기	목공	자르는 거 다 가능
B		전기공	가전제품 설치
C		설비공	타일 못박기

• 모든 인연을 소중히 하면 좋은 시공업자가 찾아온다

최근에 한 번의 통화만으로도 첫인상이 너무 좋은 사람을 알게 되었다. 공사 인력을 구하면서 상승한 자잿값과 인건비에 가격 협상을 고민하던 중, 인터넷으로 검색해 찾은 공사 관련 블로그에 연락을 했다. 현장 위치를 물어보기에 대답을 했는데, 본인이 사는 동네라면서 깜짝 놀라며 반가워했다. 이렇게 사람도 인연이라는 게 있다. 같은 동네이니 당장 만나자고 했고, 첫 만남에 설계도를 두고 대략적인 공사비 이야기를 나누었다. 미팅 후 알고 보니 그는 공사관리(Construction Management) 업무를 제공하는 일을 하고 있었다. 현장과 거주하는 곳이 가깝고 감리에 대한 경험도 풍부해 믿음이 갔다. 총 2명의 시공업자에게 일을 의뢰했다고 연락이 오는데, 1명은 못 한다고 하고 나머지 1명에게 견적을 받아 전달해주었다. 기존에 받았던 공사 견적과 비슷하거나 조금 더 비싸서 고민하고 있었다. 그러자 주말 밤에 문자가 하나 왔다. 자신이 다른이에게도 의뢰했으니 다음 주 월요일에 견적서를 보낸다고 말이다. 연락에 감동을 받아 감사 문자를 보냈다. 쉬는 주말에도 나를 위해 애써주는 점에서 진실성이 느껴졌다. 결국 그분을 통해 필요한 시공자를 구했다.

내가 아는 것이 전부가 아니다

에어컨 배관을 벽에 심기로 했다. 골조공사 기간 중 해야 하는 이 작업은 누가 맡아야 할까?

① 전기 작업자   ② 에어컨 작업자   ③ 설비 작업자

에어컨 배관을 천장이나 벽에 넣을 공간을 미리 만들 수 있나요?

건축주

전기업자

설비업자

에어컨업자

단편적으로 생각하면 에어컨 작업자가 해야 할 일이라 볼 수 있다. 하지만, 정답은 '상황에 따라 다르다'이다. 이 질문을 전기, 설비, 에어컨 작업자에게 각각 물었지만 모두 각자의 입장이 있었다. 먼저 에어컨 업자의 말을 들어보자. 예를 들어, 신축 건물의 골조공사를 할 때 철근을 배근하는 작업자가 에어컨 배관이 어디로 지나가는지 생각하면서 일할 확률은 거의 없다. 실제로 철근 배근과 거푸집이 올라가는 바쁜 현장에서 작업자들에게 벽에 에어컨 배관을 넣어 달라고 말하기는 어렵다. 어려워도 꼭 해야 하는 일이면 요청해야 하는 것 아니냐고 반문할 수 있겠지만, 직접 현장에 서 있어 보니 공사 중 긴장감은 이루 말할 수 없다. 머리 위로는 크레인이 왔다 갔다 하고 눈앞에는 철근, 단열재, 거푸집이 움직인다. 이런 상황에서 갑자기 에어컨 업자들이 들어와 벽에 배관을 심는 것은 상상하기 어렵다. 골조를 두 번 작업하는 2층 주택이라면 더 문제다. 에어컨 업자는 층마다 공사 일정에 맞춰 현장에 나와 배관작업을 해야 한다. 업자 입장에서 생각해 보면 현실적으로 꺼려지는 공사가 될 것이다.

그렇다면 에어컨 배관을 벽에 심는 작업은 누가 했을까? 결국 아무도 하지 않았다. 배관을 벽에 심을 필요가 없었기 때문이다. 배관을 외벽으로 타고 내리게 처리하고 외장재와 비슷한 색의 커버를 덮었다. 누수 문제 등 유지보수 면에서는 벽 내부보다는 외부로 노출하는 편이 낫겠다는 판단이었다. 물론 에어컨 업자 입장에서 시공하기 편한 방법이라 추천한 것일 수도 있지만, 경험치에서 쌓인 노하우라 생각하고 받아들였다. 항상 내가 아는 것이 전부라는 폐쇄적인 자세보다는 다른 이의 새로운 지식을 받아들이는 열린 마음이 필요하다. 이 일을 겪고 나서 배운 점이

에어컨 배관을 외벽과 비슷한 색상의 커버로 마감했다.

있다. 에어컨 배관을 벽에 심는 것은 중요한 것이 아니다. 왜 에어컨 배관을 반드시 벽에 심어야 하는지 따져보고 업자와 해결방안을 모색하는 노력이 일을 더 효율적으로 처리할 수 있다는 것이다.

건축주는 할 말은 해야 한다

집을 처음 짓게 되면 전체적인 공정도 잘 모르고, 수십 명이 넘는 시공업자의 성격과 스타일을 모르기 때문에 공사 스케줄을 세우는 데 크게 고생한다. 골조공사업자와 계약했을 당시는 설비와 전기업자도 찾지 못한 상황이었다. 그런데, 막상 공사를 시작하니 시공업자 섭외보다 더 어려운 것이 시공순서가 겹치지 않게 계획을 세우는 일이었다. 스케줄을 제대로 짜면 시공자들끼리 일정이 겹치지 않아 쾌적한 작업환경을 만들 수 있다. 하지만 현실은 계획대로 되지 않는다. 몇 가지 에피소드를 들어보겠다.

골조업자가 벽체를 세우는데 갑자기 전기업자가 와서 콘센트를 매입하면 좋겠다고 요구한다. 골조공사로 현장이 바쁘니 콘센트 위치만 거푸집으로 막지 않으면, 다음 날 불러서 매입해 두겠다고 말했다. 하지만 골조업자는 전기업자가 오늘 방문해 일을 마치는 게 맞다고 대립했다.

이번에는 다른 이야기다. 내장목수팀이 건강상 이유로 작업을 하루 쉬게 되었다. 다음날 무거운 타일 자재를 이동시키기 위해 일용직 인부들을 불렀는데, 목수팀 장비가 현관문을 가로막고 있어 작업이 불가능하다며 집으로 돌아갔다. 공사 일정이 바뀌는 것은 어떻게 보면 매일 날씨가 변하고, 기상예보가 맞지 않는 상황처럼 자연스러운 일이라는 생각도 들었다. 하지만 이로 인해 전체 계획에 차질이 생기고, 목표를 달성하지 못하는 최악의 상황이 될 수도 있다. 건축주는 여기 대응하기 위해 어떤 노력을 할 수 있을까?

건축주가 시공업자들에게 수정된 도면과 공사 진행 상황에 대해 매번 업데이트 해주는 일은 쉽지 않다. 일일이 연락해서 세부적인 지시와 배경을 알려주지 않으면 시공자들은 자기 일에만 신경을 쓰고 나머지는 관심이 없다. 후속 공정을 원활하게 하기 위해 자신이 맡은 공정을 복잡하게 만들지 않겠다는 의미다. 결국 건축주가 싫은 소리를 해야 할 때가 생긴다. 목표를 달성하기 위해 누군가의 미움을 받더라도 할 말은 해야 한다. 상대방이 나에게 부정적인 감정이 생겼다면 그 감정을 풀기보다 부정적인 감정이 더 커지지만 않도록 긴장감을 유지하는 것이 때로는 도움이 되기도 한다. 성격도 스타일도 다른 각각의 사람들과 모두 좋은 감정으로 교류하기는 어렵다.

이런 당연함을 전제로 전기업자가 오는 게 맞다고 판단되면 무슨 수를 써서라도 설득을 해야 하고, 내장목수팀도 응급 상태가 아니라면 쉬지 않고 일을 해달라고 부탁해야 한다. 그럼에도 불구하고 상대방이 거절을 할 경우에는 그로 인해 건축주가 잃게 되는 시간과 비용을 납득할 수 있게 설명해야 한다. 그러면 대부분 합의점을 찾기 위해 노력한다. 그렇지 않은 작업자가 있다면 아쉽지만 인연은 거기까지이다.

외부요인으로 변수가 생길 때마다 건축주가 기준점 없이 우왕좌왕하게 되면 굴러가는 눈덩이가 커지듯 만회할 수 없는 수준의 문제들이 한순간에 터질 수 있다. 이런 위험을 줄이고 성공적으로 집짓기 임무를 완수하기 위해 건축주는 주저 없이 미움받을 용기를 내야 한다. 그리고 다음과 같이 말할 수 있어야 한다.

"지금 당장 현장에 와 주실 수 있나요?"

건축주가 가져야 할 마음가짐, 내려놓음

어느 건설 현장 현수막에서 '1%의 지시와 99%의 확인'이라는 문구를 보았다. 내 경험상 1% 지시와 99% 확인을 한다고 노력해도 사람들은 까먹거나 실수를 하기에 100% 완벽한 공사를 기대하는 것은 욕심이다. 인테리어 공사를 할 때의 일이다. 보조 주방 천장에 매입 조명 3

3개가 아닌 4개가 설치된 조명

개를 설치하기로 했는데, 4개를 타공해 놓아서 어쩔 수 없이 조명 4개를 설치했다. 건축주는 순간 속상할 수 있지만, 입주 후 사는 데는 아무런 지장이 없고 집에 온 누구도 그걸 탓하지 않는다. 조명이 4개보다 3개면 더 좋았을 것 같다고 말할 사람은 분명히 없다. 1%의 지시와 99%의 확인이라는 마음가짐은 유지하되, 실제 현장에서 잘 지켜지지 않는다고 큰일 날 것처럼 굴어선 안 된다. 사소한 실수는 목표를 달성하는 데 큰 영향을 주지 않으니 마음을 약간 내려놓는 자세가 필요하다. 단, 작지만 치명적인 실수는 나비효과처럼 큰 실패를 일으킬 수 있으니 선택과 집중이 필요하다. 사소한 데 에너지를 쓰지 않고 모아두었다가 중요한 공정에 모아둔 에너지를 마음껏 쓰는 지혜가 요구되는 것이다.

마음을 내려놓으면 의외로 일이 잘 풀릴 때도 있다. 바닥 미장인 방통공사를 진행하는데 거실부 화장실 바닥 높이가 계획했던 것보다 낮게 시공이 되어 낙담했던 적이 있다. 하지만 타일공사 할 때 레미탈을 사용해서 바닥 높이를 높이고 원하던 대로 타일을 시공할 수 있었다. 공사를 하다 보면 생각하지 못한 부분에서 사건들이 터지는데, 결국 다른 시공작업으로 보완이 되는 것을 경험하고 실수들이 다양한 방법으로 쉽게 해결 가능하다는 것을 몸소 체험했다. 주방 벽 한 면을 템바보드로 시공하는데 작업자가 보드 한가운데에 매립된 스위치를 보고 사각 모양으로 타공해 놓았다. 순간 어떻게 해야 할지 아찔했지만, 결국 타공 부분은 새 템바보드를 재단해 맞춰 끼우고 필름 시공업자가 면을 깔끔하게 마감해 두었다.

땅에 대한 공사, 토목공사

토목공사란 토사(흙과 모래)와 목석(나무와 돌)의 공사를 뜻한다. 쉽게 말하면 토목공사는 땅에 대한 공사, 건축공사는 집과 같은 건축물에 대한 공사를 말한다. 처음 집을 지을 때 너무 정신이 없어 토목공사 할 때 작업해야 했던 되메우기를 놓쳤다. 결국 인테리어가 끝날 때까지 미루다가 조경공사를 할 때 되메우기를 끝냈다. 공사를 하다 보면 이렇게 한두 개씩 놓치는 부분이 생긴다. 토목공사를 포함해 모든 공사를 진행할 때 일을 계획대로 진행하기 위해서는 현재 수행 중인 공사 업무를 최우선으로 둬야 한다. 특히 토목공사와 설비공사는 건축물의 골조가 세워지고 나면 사실상 재공사가 어렵기 때문에 적당한 긴장감과 주의를 갖고 공사에 임하는 것이 좋다.

토목공사는 토지에 대한 측량을 한 이후에 계획을 세운다. 측량은 크게 경계측량, 현황측량, 분할측량이 있다. 측량의 종류를 다 알 필요는 없고, 아래 종류의 측량에서 제공된 정보를 기반으로 토목공사 계획을 세운다고 이해하면 된다.

● 경계측량 : 내 땅은 어디까지인가를 확인하는 측량
● 현황측량 : 건축물의 위치와 담장, 옹벽의 위치를 측량
● 분할측량 : 한 필지를 두 필지 이상으로 분할하는 측량

건축인허가를 신청할 때 토목설계와 건축설계를 의뢰하면 토목설계에 해당하는 측량을 진행한다. 나의 경우도 땅의 경사를 낮추기 위해 성토와 절토를 진행하고, 경사진 땅끝이 무너져내리지 않도록 보강토로 옹벽을 만들었다.

보강토(Reinforced Soil)란 흙의 취약점을 잡아주는 보강재로, 결속력을 강화하는 역할을 한다. 철근콘크리트에서 콘크리트의 약점을 철근이 잡아주는 것과 같은 원리라고 보면 된다. 일반적으로 많이 사용되는 보강토의 종류는 블록식 보강토 옹벽이다. 몰탈블록+지오그리드형 보강재로 아래처럼 생겼다.

시공에 필요한 자재 및 장비	보강토 시공방법
블록	1. 터파기 및 기초작업
그리드	2. 속채움
자갈	3. 뒷채움
다발관 또는 유공관	4. 롤러다짐
부직포	5. 보강재(그리드) 포설
보강토집게(포크레인)	6. 맨 위에 올리는 블록(캡블록)
수평자	
굴삭기	

보강토 옹벽

보강토의 장점은 지적편집도 상에서 나온 경계선만큼 땅을 최대한 사용할 수 있다는 것이다. 석축(돌을 쌓아 올린 옹벽)은 경계선보다 후퇴해서 쌓으니 그만큼 땅이 좁아지지만 보강토는 경계선 위로 그대로 올라온다. 자연스러운 조경을 원하고 경사가 급하지 않을 경우에는 석축도 괜찮지만, 경사가 가파르고 땅의 경계선만큼 면적을 최대한 유용하려면 보강토 옹벽 시공이 바람직하다.

처음 토목공사를 계획할 때, 조경설계가 어느 정도 되어 있다면 비용과 시간을 절약할 수 있다. 토목이나 조경에 주로 쓰는 06w 포크레인은 하루 일당(8시간)이 60만~70만원 정도로 형성되어 있다. 일을 최대한 몰아서 하는 것이 중요하다. 나의 경우는 운반비를 추가로 내지 않고자 현장과 최대한 가까운 지역의 포크레인을 찾아 사용했다.

공사에 필요한 전기 신청

공사를 시작하기 전 전기공급은 필수다. 임시전기는 전기공사면허를 가진 업체를 통해 신청하므로, 건축주는 아래 서류를 업체 측에 전달하면 된다.

- 신분증 사본
- 통장 사본
- 건축허가필증 사본

전기업자가 임시전기를 신청하면 한국전력에서 청구금액을 문자로 보낸다. 건축주가 비용을 납부하면 전기업자가 임시계량기를 설치한다. 직선거리 200m 이내에 전신주가 있으면 한국전력에 내는 돈이 정해져 있지만, 200m가 넘으면 1m당 39,000원의 초과 비용이 든다. 전기인입공사에는 보증금 225,000원, 표준시설부담금 270,600원(부가세 포함)이 들고, 완공 후 보증금은 환불받는다.

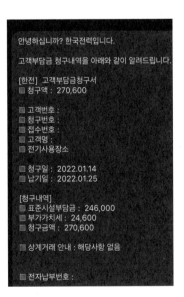

안녕하십니까? 한국전력입니다.

고객부담금 청구내역을 아래와 같이 알려드립니다.

[한전] 고객부담금청구서
■ 청구액 : 270,600

■ 고객번호 :
■ 청구번호 :
■ 접수번호 :
■ 고객명 :
■ 전기사용장소

■ 청구일 : 2022.01.14
■ 납기일 : 2022.01.25

[청구내역]
■ 표준시설부담금 : 246,000
■ 부가가치세 : 24,600
■ 청구금액 : 270,600

■ 상계거래 안내 : 해당사항 없음

■ 전자납부번호 :

공사에 필요한 수도 신청

상수도는 지역 내 수도사업소 수도시설팀에서 관리한다. 건축인허가 이후 상수도 인입 신청을 위해 수도시설팀에 전화를 걸었다. 어디 지역인지 확인하더니 바로 현장을 방문한다고 했다. 담당 공무원은 지형의 경사를 보고 상수도를 끌어와도 물탱크와 수압 펌프를 사용해 수압을 올려야 한다고 말했다. 2주일 후 그는 시공업자를 데리고 다시 현장에 왔다. 수도인입공사의 범위는 수도계량기까지라서 계량기에서 물탱크까지의 공사는 건축주가 직접 해야 한다. 추운 지방은 겨울철 수도인입공사가 불가능할 수 있으니, 전기보다 수도 인입을 먼저 고려하는 것이 좋다.

수도 신청 방법	
신청 주체	건축주
신청 시기	건축 인허가 이후
제출 서류	신축 건축물은 신청서 및 건축 인허가증 제출
신청불가대상	농경지, 가설건축물, 동·식물 관련, 무허가건물
공사 범위	기존 설치되어진 도로상의 상수관로부터 계량기까지의 구간. 계량기부터 주택연결부 구간은 건축주가 직접 시공해야 함
공사 시작 시기	공사비 납부 이후
공사 주체	시·군청에서 소개
공사 기간	상황에 따라 다르지만, 보통 1주 이상은 무조건 걸림

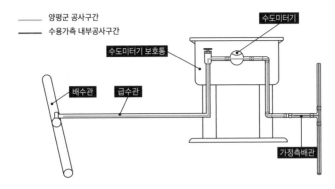

급수공사 배관도

수도계량기는 언제든 미터기를 점검할 수 있도록 상부로 노출하기 때문에 동파 우려가 있다. 이를 방지하기 위해 단열에 신경써야 한다. 혹시 동파가 되면 국번 없이 120에 전화하거나 지역 내 수도사업소에 전화하면 무료로 계량기를 교체해 준다.

준공에 필요한 정화조 공사

정화조는 아파트 생활만 하던 사람들에겐 생소한 대상이다. 나도 구체적으로 정화조가 무엇인지 잘 알지 못했다. 건축사사무소에서는 준공을 하기 위해서 정화조를 설치했다는 정화조 준공필증이 필요하다고 했다. 정화조는 부엌이나 화장실, 싱크대 및 변기에서 내려오는 오수 및 생활하수를 정화하는 역할을 한다. 그리고 하수도법에 따라 오수를 배출하는 건물은 개인하수처리시설을 설치해야 한다.

건물에서 나오는 빗물이나 생활하수, 그리고 오수가 하나의 하수관로에서 흘러가는 것이 합류식 하수관로다. 반면 분류식 하수관로는 생활하수와 오수는 오수관을 통해 하수처리장으로 방류되고, 우수는 하천으로 방류하기 때문에 별도의 정화조가 필요 없고, 악취도 발생하지 않는다. 하지만 분류식 하수관로는 도시 외곽지역에는 보급이 많이 되지 않았기 때문에 집을 지을 때 대부분 정화조를 설치해야 한다.

분류식 하수도와 합류식 하수도 비교 ⓒ한국환경공단 『알기 쉬운 하수도』

정화조는 단독정화조와 오수합병정화조가 있다. 단독정화조는 오수만 거르며, 1년에 한 번 바닥에 가라앉은 슬러지를 제거해줘야 한다. 오수합병정화조는 F.R.P(Fiber Glass Reinforced Plastic) 오수처리 시설로, 생활하수를 내부에 있는 에어펌프로 정화해 사후 처리가 깔끔하다. 내가 지은 집은 상수도관리지역에 속해 있어서 오수합병정화조 설치가 의무였다.

단독정화조	오수합병정화조
화장실의 오수만을 처리하는 정화조	오수와 기타 잡배수를 처리하는 정화조

오수합병정화조   아스콘 포장 후 콤팩터 작업

신축 현장은 정화조를 땅에 묻기 위해서 옆 도로를 파내야 하는 상황이었다. 정화조 공수 후, 도로를 재포장하는 작업이 이루어졌다. 이때 쓰이는 포장재가 아스팔트 콘크리트로 흔히 '아스콘'이라고 줄여 말한다. 모래나 자갈 등의 골재에 녹인 아스팔트를 결합한 혼합물이다. 아스콘을 붓고 그 위에 '콤팩터'라는 기계로 바닥을 평평하게 다졌다.

기초공사부터 지붕공사까지

기초공사는 건물의 무게를 받치기 위한 밑받침 공사로 건축물이 흔들리거나 기울지 않도록 튼튼하게 만들어야 한다. 규준틀 작업으로 건축선을 정하고 터파기를 한 후 매트 기초로 시공했다.

- 규준틀 작업 : 경계선을 실로 표시해 놓는 것
- 터파기 : 땅 파는 작업
- 매트기초 : 땅 위에 콘크리트로 매트리스처럼 네모난 바닥을 만드는 작업

공사의 시작, 규준틀 작업

골조공사 사장님에게 전화가 왔다.

골조사장님 : 야리가다 매러 언제 갈까요?

처음에는 무슨 말인지 몰라 인터넷으로 찾아보니 '야리가라를 맨다'는 규준틀 작업을 의미하는 일본말이었다. 집을 짓다 보면 건축용 일본어를 최소 50개 이상 배울 수 있다. 일제강점기에 철도, 도로 같은 인프라 공사를 해서인지 우리나라 건축 현장에는 일본어 잔재가 많이 남아 있다. 이후로도 골조사장님은 덴죠, 오도리바, 오사마리 등 다양한 용어를 구사하셨고, 그때마다 나는 당황하지 않고 핸드폰을 꺼내 검색하면서 하루하루 집을 지어갔다. 개인적으로 건축 현장에서 일본어 대신 우리나라 말이 보편화되었으면 하는 마음이다.

규준틀은 건축물이 들어설 자리를 표시하기 위해 건축물의 네 모서리에 수평 말뚝을 박아 기준점을 정한다. 거리측정 장비와 외장 목수 주도로 수평규준틀과 수직규준틀, 그리고 모서리에 귀규준틀이 설치되었다.

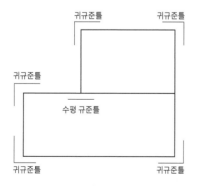

규준틀 놓기

규준틀 작업은 대지경계선 안에서 건물의 위치를 잡는 작업으로 본격적인 주택 시공에 앞선 첫번째 단계로 중요한 작업 중에 하나이다. 터파기 작업을 진행하기 전에 규준틀 작업과 동시에 인접대지 경계선을 기준점으로 정해 사물을 설치하면 공사 내내 대지 안의 공지 및 건축선과 거리도 구분이 가능하다.

기준점

기준점 정하기

본동과 창고동을 위한 두 번의 기초공사

터파기를 하고 기초공사를 시작하기 전에 건물의 높이와 지형에 따라 어떤 방식으로 공사할지 수치를 정하면 좋다. 이번 건축물은 창고와 본건물이 따로 분리되어 있어 기초공사를 두 번 진행했다. 포크레인으로 땅을 파는 깊이도 알아야 하고 자갈 및 잡석을 깔고 버림 콘크리트를 어느 정도 높이로 타설해야 하는지를 알고 있으면 기초공사를 수월하게 할 수 있다.

버림 콘크리트란 먹매김과 철근 배근을 수월하게 하려고 타설하는 콘크리트이다. A동 창고의 기초매트를 올린 후 B동 본건물 버림 콘크리트 타설을 진행했다.

버림 콘크리트 후 철근 배근과 설비 배관, 그리고 전기 배선을 작업한다. 설계도면을 A3 사이즈 종이로 출력해 골조, 전기, 설비업자에게 나눠주고 배선과 배관의 위치를 상의해서 정확한 위치를 정할 수 있었다. 물론 위치 변경에 따라 설비 배관과 전기 배선 위치의 수정 작업이 몇 번 추가되었다.

1. 버림 콘크리트 타설

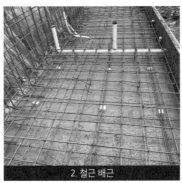

2. 철근 배근

3. 기초 매트 완성

4. 먹선 작업

5. 벽체 유로폼 시공

6. 단열재 시공

7. 외장 벽돌 시공

8. 완공

골조공사에 필요한 자재들

철근콘크리트 구조의 골조공사는 사람 몸으로 치면 골격을 만드는 공정으로, 전체 공사비의 40%가량을 차지하는 중요한 공사이다. 그만큼 들어가는 자재와 인건비가 많다. 처음 집을 짓는 사람들은 철근과 레미콘을 어느 정도 주문해야 할지 감이 없다. 나 역시 골조업자에게 필요한 철근 종류와 톤, 콘크리트 양을 물어보고 자재 회사에 전화를 걸어 주문했다. 철근 10mm 2톤, 레미콘 60 루베, 단열재 가등급 2종1호 135T 20장 등 공정에 맞춰 하루 전날 전화로 주문해 현장에서 받았다.

인터넷을 통해 각 자재에 대한 기본적인 내용을 숙지하고, 골조업자와 수량에 대해 상의하다 보니 어느 정도 길이 보였다. 다음은 골조공사 견적에 포함된 항목이다. 철근, 레미콘, 단열재는 내가 부담했고 나머지는 골조업자가 맡아서 진행했다. 다른 자재에 비해 철근과 레미콘은 양이 많고 비용도 크기 때문에 기본적인 자재 상식 정도는 알아둬야 한다.

자재비	장비	인건비
철근	펌프카	현장관리인
레미콘	크레인	철근공
단열재	포크레인	목공
잡자재	지게차	아시바공
(철물, 타이목재, 못, 반생, 다루끼)		
거푸집		
아시바		

•시멘트, 레미콘, 몰탈, 레미탈

철근콘크리트 구조의 집을 짓기 위해 콘크리트에 대해서 알아보니 시멘트, 콘크리트와 레미콘의 차이, 그리고 모르타르와 레미탈의 차이 등이 궁금했다. 시멘트는 접착제라는 뜻을 가진 그리스어 'Cementos'에서 유래된 것으로 건축 재료로 쓰이는 접합제를 이르는 말이다. 약 7,000년 전, 시멘트는 이집트

피라미드에 처음 사용되었다. 여러 발전을 거듭해 지금의 시멘트는 철근콘크리트 및 대규모 건설공사를 가능하게 한 역사적인 자재가 되었다.

지금까지 콘크리트 구조의 건축물에서 생활하면서 콘크리트의 성분이 어떻게 되고 벽체가 어떻게 시공되는지 궁금증을 가진 적이 없었다. 대부분 건설업에 관련된 일을 하는 사람들이 아니라면 건축자재에 대한 이해가 당연히 부족하다. 그런 상태에서 공사를 시작했더라도 큰 걱정은 하지 않아도 된다. 각 공정의 시공 전문가들이 기본적으로 숙지하고 있는 사항이고, 이제는 know-how보다 know-where가 일하는 데 더 중요해졌기 때문이다. 시공법을 알지 못해도 원하는 시공을 가능하게 해 줄 사람, 또는 업체를 찾아가면 된다. 집 짓기는 직접 시공하면 진입장벽이 높지만, 시공을 잘하는 사람을 만나면 생각보다 쉽다. 시공을 잘한다는 것은 단순히 손기술만 좋다는 의미가 아니다. 건축주가 원하는 바를 정확하게 이해하고 시공에 반영하는 능력과 여러 가지 예상치 못한 변수에 대처하는 대응력 등 다양한 능력을 골고루 갖춘 사람이 시공을 잘하는 사람이다.

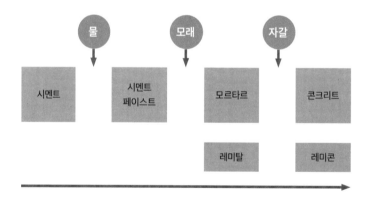

1. 시멘트 = 물 또는 용액으로 굳어져 교착제 또는 접착제로 사용
2. 시멘트 페이스트 = 시멘트 + 물
3. 모르타르 = 시멘트 페이스트 + 모래(잔골재)
4. 콘크리트 = 시멘트 페이스트 + 모래(잔골재) + 자갈(굵은골재)

레미콘은 시멘트와 자갈 등을 물에 섞어 공사 현장으로 싣고 가는 콘크리트를 말한다. 원래 'Ready-mixed concrete'였는데, 일본의 한 시멘트 회사가 앞부분 'Re-mi-con'만 따서 '레미콘'이란 어휘를 만들어냈다. 공사 현장에서 바로 사용할 수 있게 만들어 놓은 콘크리트가 레미콘이라고 이해하면 된다.

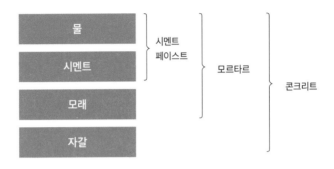

구조설계 도면을 보면 다음과 같은 노트에 콘크리트의 강도가 나와 있다. 콘크리트 규격은 25-24-150 형식으로 표기된다. 골재 크기는 시멘트에 들어가는 굵은 골재의 두께를 뜻한다. 레미콘의 강도는 메가파스칼(Mpa) 단위로 표기한다. 1Mpa는 cm^2당 10kg의 압축강도를 견디는 힘을 뜻한다. 콘크리트 강도가 24라면 240kg의 압축강도를 버티는 강도를 뜻한다. 슬럼프는 콘크리트가 얼마나 아래로 잘 퍼지는지 결정한다. 콘크리트를 30cm 높이의 콘 모양 틀에 붓고 틀을 제거한 후에 콘크리트가 얼마나 모양을 유지하는지를 기준으로 한다. 150mm 슬럼프는 30cm 높이의 콘 틀에서 15cm 아래로 자연스럽게 퍼졌다는 것을 의미한다.

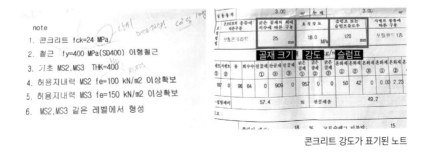

콘크리트 강도가 표기된 노트

모르타르는 시멘트 페이스트에 모래를 섞은 것이다. 레미탈(ready mixed mortar)
은 국내의 한 제품명으로 모래와 시멘트를 혼합한 재료이다. 페이스트에 모래
를 섞는 게 저렴할 수 있으나, 결국 섞기 위한 인건비가 들어가기 때문에 편의
상 레미탈을 사용하는 경우가 많다.

콘크리트 양을 계산할 때는 현장에서 '루베'라는 단위를 사용한다. 이 역시 일
본어가 변형되어 정착된 말이다. $1m^2$는 1헤베, $1m^3$는 1루베를 뜻한다. 콘크리
트 1루베는 2.4t 양이며, 레미콘 1차에 6루베가 실린다.

• 철근의 종류와 시방 표기

구조설계도면에는 현장에 쓰이는 철근의 종류와 강종이 표기되어 있다. 철근
에는 마디에 돌기가 없는 원형철근(Steel Round Bar)과 마디마다 돌기가 있는 이
형철근(Steel Deformed Bar)이 있는데, 철근콘크리트 구조 건물에는 대부분 이형
철근이 사용된다. SD400은 이형철근의 400 강종을 뜻한다. 철근은 보통 1톤
단위로 주문을 받는데, 0.5톤 주문 시에는 수량이 적어 별도의 화물비용이 추
가될 수 있으며 보통 사용하기 2~3일 전 주문해 둬야 한다.

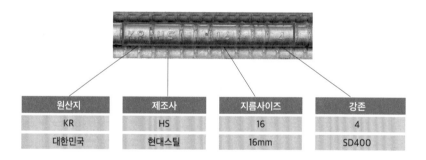

원산지	제조사	지름사이즈	강종
KR	HS	16	4
대한민국	현대스틸	16mm	SD400

종류	기호	용도
일반	SD300	'마일드-바'로 불리며 주로 토목현장의 교량, 댐 등에 사용
고장력	SD400	하이-바로 불리며 건설 및 토목현장에 널리 사용
초고장력	SD500, SD600, SD700	초고층 건물 지하에 사용되며 요즘은 점점 초고강도로 설계되고 있는 추세
용접	SD400W, SD500W	탄소성분을 낮춰 용접성이 필요한 구조물이 사용
내진	SD400S, SD500S, SD600S	지진에 견딜 수 있는 내진등급에 따라 사용이 확대
나사	형상에 따름	체결볼트로써 연결 사용할 수 있도록 나사형태로 만들어져 있음

해양구조물 등에서 해수에 노출되는 경우에는 에폭시 도막 철근이나 아연도금 철근, 스테인레스로 철근을 쓰기도 한다.

철근의 종류와 표기 내용(출처 : 한국제강)

설계도면의 상세도를 보면 철근을 어떻게 시공해야 하는지 나와 있다. 상세도 속에 B동 건물 W11(Wall 11) 벽체가 있다. 오른쪽 일람표를 보면 W11은 콘크리트 벽 두께가 200mm이고 수직과 수평 철근이 10mm로, 수직 철근은 200mm (@200) 간격으로 수평 철근은 250mm(@250) 간격으로 배근하는 것으로 표기되어 있다.

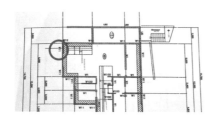

상세도와 철근 시방

• 단열재 알아보기

처음 집짓기를 공부할 때는 무슨 건축 자재가 있는지 시공법이 어떻게 다른지 몰라 인터넷 커뮤니티에서 사람들이 좋다는 자재를 무조건 찾았다. 그러나 직접 집을 지어보니 거주 공간으로써 집의 기능에 충실한 건축자재가 제일인 것을 깨달았다. 예를 들어, 겨울철에 내부 단열이 잘 되어 있어 열 손실이 적으면 잘 지은 집이고, 비가 올 때 누수가 생기지 않으면 좋은 집이다. 겨울철에 큰 난방비를 들이지 않고 실내를 따뜻하게 유지하려면 단열재 선택이 가장 중요하다. 보통 철근콘크리트 현장에서 많이 쓰는 단열재는 압출법 단열재와 비드법 단열재, 두 가지이다.

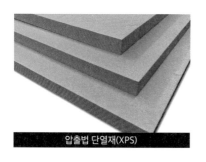

압출법 단열재(XPS)

비드법 단열재(EPS)

비드법 단열재(EPS, Expanded Polystyrene)는 폴리스틸렌 알갱이를 수증기로 발포시켜 만드는 단열재로, 단열 성능은 우수하지만 습기에 약한 단점이 있다. 압출법 단열재(XPS, Extruded Polystyrene)는 폴리스틸렌을 압축해 판재 모양으로 만든 것으로 흔히 '아이소핑크'라고 불린다. 습기에 강해 외벽 단열에 주로 사용된다.

	소재	특징	가격
비드법 단열재	폴리스틸렌 알갱이 발포	단열에 우수하고 습기에 약하다	합리적이다
압출법 단열재	폴리스틸렌 압축	비드법보다 단열 우수	비드법의 최소 1.5배

건축물의 어느 곳에 단열재를 시공해야 하는지 알아보자. 설계도 중 단면도를 보면 건축물의 바닥부터 벽체, 그리고 천장까지 어떤 등급과 두께의 단열재를 시공해야 하는지 알 수 있다. 단열재 선택은 지역마다 기준이 다르다.

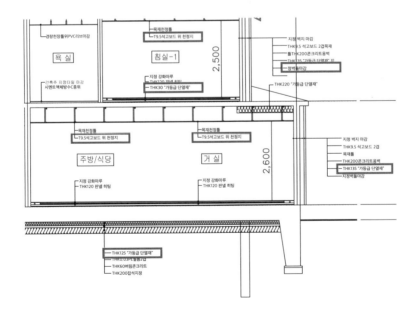

[단위: mm]

건축물의 부위		단열재 등급		단열재 등급별 허용 두께			
				가	나	다	라
거실의 외벽	외기에 직접 면하는 경우	공동주택		190	225	260	285
		공동주택 외		135	155	188	200
	외기에 간접 면하는 경우	공동주택		130	155	175	195
		공동주택 외		90	105	120	135
최상층에 있는 거실의 반자 또는 지붕	외기에 직접 면하는 경우			220	260	295	330
	외기에 간접 면하는 경우			155	180	205	230
최하층에 있는 거실의 바닥	외기에 직접 면하는 경우	바닥난방인 경우		190	220	255	280
		바닥난방이 아닌 경우		165	195	220	245
	외기에 간접 면하는 경우	바닥난방인 경우		125	150	170	185
		바닥난방이 아닌 경우		110	125	145	160
바닥난방인 층간바닥				30	35	45	50

구분	열전도율 범위(w/mk)	종류
가등급	0.034 이하	비드법 2종 단열재 : 1호, 2호, 3호, 4호
		압출법 단열재 : 특호, 1호, 2호, 3호
나등급	0.035 ~ 0.040	비드법 1종 : 1호, 2호, 3호
다등급	0.041 ~ 0.046	비드법 1종 : 4호
라등급	0.047 ~ 0.051	열전도율 0.047~0.05w/mk 이하인 기타 단열재

건축물의 열손실 방지 단열기준(중부2지역)과 단열재 등급

단열재는 2종보다 1종이, 1호보다 2호가 더 좋다. 열전도율이 낮을수록 단열 성능이 좋고, 가격은 더 높아진다. 단열재는 시공 후에는 마감재에 가려 보이지 않지만, 어떤 재료로 어떻게 시공하느냐에 따라 건축물의 에너지 효율을 결정하기 때문에 매우 중요한 사항이다. 한 번에 제대로 시공해야 탁월한 단열 성능으로 열손실을 줄일 수 있다.

나의 경우는 가성비 좋은 가등급 비드법 단열재를 선택했다. 자재가 도착하던 날, 사소한 다툼이 있었다. 단열재를 받기 위해 기다리던 중에 용달차가 도착했고, 기사분이 내리더니 하차 작업은 본인 소관이 아니라고 했다. 그는 점심을 먹고 있던 시공자들에게 하차해 달라고 부탁했다.

배송 기사 : 자재 하차는 우리가 하는 게 아닙니다.

시공자 : (밥 먹는데 짜증이 난 듯)그걸 우리가 왜 합니까?

모든 화물 배송 기사가 그런 것은 아니다. 동네 철물점에서 자재를 주문했을 때는 하차를 다 도와줬다. 하지만 단열재는 1.8m 길이로 부피가 크기 때문에 화물 배송 기사들은 도와줄 인력이 없으면 난감해한다. 충분히 양쪽 처지가 이해되어 중재에 나섰다. 결국 나와 배송 기사가 단열재 40장을 열심히 내렸다. 부피만 크고 무겁지는 않아 작업하는 데 큰 힘이 들지는 않았지만, 나의 어깨는 무거워만 갔다. 앞으로 직영공사를 진행하면서 겪게 될 어려운 일 중 하나를 방금 경험했다고 느꼈기 때문이다.

건축주는 때때로 작업자 간의 싸움을 중재하는 심판이 되어야 하고, 목표를 이루기 위해 채찍질하는 입장도 되어야 한다. 시공자들에게 칭찬으로 동기 부여를 하는 서포트 역할도 맡아야 한다는 사실을 하나씩 깨닫는 순간이었다.

배송 기사와 함께 내려놓은 단열재

• 거푸집

우리가 아는 거푸집은 주물을 부어 물건을 만드는 틀이다. 콘크리트 구조의 건축물은 콘크리트용 거푸집으로 구조물의 모양을 잡고 콘크리트를 부어 바닥, 벽, 지붕 등 골조를 만드는 역할을 한다. 유로폼, 갱폼, 터널폼 등 종류가 다양하지만, 독일의 KHK Euroschalung社가 생산한 유로폼이 가장 대중적이다. 합판만 교체하면 재활용할 수 있어 임대도 가능하다.

연결핀은 유로폼과 유로폼을 연결할 때 사용한다. 모서리를 마감하기 위해서는 내부 유로폼에는 인코너가, 외부 유로폼에는 아웃코너가 들어간다. 내외부

유로폼 사이에 콘크리트가 타설되어 벽체가 만들어진다. 콘크리트 타설 시 유로폼이 터지거나 움직이는 것을 예방하기 위해 폼 타이(form-tie)를 설치해 유로폼의 간격을 유지하는 동시에 벌어짐을 막아준다.

| 연결핀 | 인코너 | 아웃코너 | 폼 타이 |

• 골조공사 콘크리트 타설 작업

거푸집으로 틀을 만들고 펌프카 작업대, 흔히 말하는 붐대로 콘크리트를 붓는다. 레미콘 트럭과 펌프카를 나란히 주차해 놓고 레미콘 트럭에서 레미콘을 펌프카 트럭에 붓는다. 그러면 펌프카 기사분이 리모콘으로 펌프카 붐대를 이동시켜 타설 작업을 진행한다. 형틀 목공 작업자가 붐대를 손으로 잡고 정확한 위치로 이동시켜 준다.

콘크리트를 붓고 나서 내부로 잘 흘러들어가도록 바이브레이터라는 내부 진동기를 사용해 퍼지도록 작업해 준다.

건축순서 간단하게 이해하기

건축물 시공은 크게 3단계로 나눌 수 있고, 마당이 있는 전원주택의 경우 조경공사까지 포함된다. 집 짓기에서는 토지 매입이 가장 힘들고 이후 단계는 계획과 의지만 있으면 건축주 혼자 제어할 수 있는 부분이 많아진다.

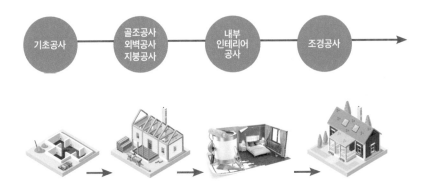

주변에 내 집을 지어줄 사람들을 모두 안다고 가정해보자. 기초공사, 골조공사, 인테리어, 조경공사의 각 단계마다 시공업자들에게 일을 부탁하면 집은 두 달이면 거의 지어진다. 하지만 보통 공사 중에 일어나는 치명적인 실수와 사람간의 갈등, 그리고 외부 요인으로 인한 변수들로 건축주는 당황하고 스트레스를 받는다. 충분히 있을 수 있는 일이지만, 나의 경우 처음 집을 짓는 상황이라 시공자들에게 수업료를 주고 배운다는 생각으로 접근하며 공사했다. 누군가는 상대방에게 빈틈을 보이고 약한 모습을 보이면 나에게 오히려 사기를 치려고 하지 않을까 걱정할 수도 있다. 그런 일을 예방하기 위해 좋은 시공업자를 찾아 협상하는 법, 건축주를 보호하는 보증제도를 앞서 말했었다. 물론 제도적 안전장치와 여러 스킬을 적용하여 좋은 업자를 만났다고 생각했지만, 알고 보니 인품이 좋지 않은 사람일 수도 있다. 모든 면을 만족시키는 사람을 구한다는 생각은 지나친 욕심이다. 건축물 시공 기간 자체는 그리 길지 않지만, 직영공사 특성상 단기간에 많은 사람을 상대하기 때문에 적당한 선에서 합의를 보고 마음을 비운 채 다음 공사에 집중하는 것이 낫다.

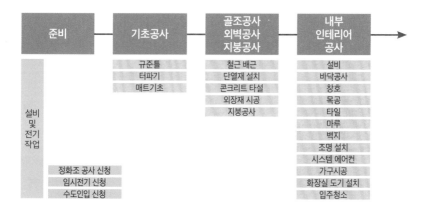

기초공사, 골조공사, 인테리어 공사로 구분해 각 세부 작업을 정리해 보았다. 설비와 전기 공사는 기초공사 전 단계부터 시작되며 수도 인입과 임시전기 신청, 그리고 정화조 신청도 기초공사 전에 한다. 시공에는 전기와 물이 필수이므로, 반드시 미리 신경써서 준비해야 한다.

설비공사는 쉽게 이해하면 바닥 보일러, 화장실 수전, 좌변기에 물을 공급하기 위한 공사이다. 땅속에 배관을 심어 근접한 상수도 배관에서 물을 끌어와 집안에 물을 공급하는 원리다. 화장실의 환풍기나 화장실 수전 및 액세서리도 설비 담당 작업자가 설치한다.

전기공사는 전기를 공급하고 조명 및 콘센트를 설치하는 공정이다. 야외에 자동 대문이나 조명을 시공할 계획이라면 땅을 팔 때 미리 전기관을 심도록 요청해야 한다. 전기와 설비는 공사 시작 전부터 완공될 때까지 수시로 작업하게 된다. 이번에 공사를 하면서 만난 설비와 전기업자들은 현장에서 차로 2시간 정도 떨어진 곳에서 출퇴근했다. 최대한 다른 공정과 겹치지 않게 신경 썼지만, 스케줄 조정이 쉽지 않았다.

제일 많이 만났던 시공업자, 전기공

이번 신축 현장에서 함께 일한 전기 시공업자는 총 2명이었다. 터파기부터 인테리어 마감까지 총 7번 현장을 방문했다. 그중에 몇 번은 내가 정중하게 부탁해서 방문한 것도 포함된다. 설계 변경으로 전기선이나 에어컨 실외기 위치가 변경되어 전기선을 연장해야 하는 경우 등 전기업자에게 부탁할 일이 정말 많았다. 골조공사를 하다 스위치 매립을 해야 거푸집을 막는다는 이야기를 듣고, 급하게 전기업자에게 전화를 건 적이 있다. 무리인지 알면서도 전기업자에게 현장 방문이 가능한지 물어봐야 했다.

나 : 사장님, 잘 지내시죠? 지금 골조 사장님께서 거푸집 막기 전에 스위치 매립을 해야 한다고 말씀하시네요. 바쁘시겠지만 혹시 와 주실 수 있을까요?

전기 시공업자 : 네? 거푸집 비어두면 내일 가서 작업하면 안 되나요? 지금 다른 현장에 와 있어서요.

인테리어 공사만 해 봤지 신축은 경험이 없어 전반적인 건축 공정 순서에 대

한 이해가 부족해서 일어난 상황이었다. 전기업자의 입장도 충분히 이해가 가고 골조 사장님의 입장도 충분히 이해가 간다. 건축공사라는 것은 음악으로 따지면 단독 연주가 아닌 다양한 악기가 서로 울려서 하모니를 만들어내는 협주곡이라고 생각한다. 골조시공업자가 피아노 연주자라면 전기시공업자는 바이올린 연주자다. 건축주인 나는 지휘자다. 초보 지휘자가 서툴기 때문에 큰 그림을 보지 못해 일어난 일이기 때문에 그때그때 닥친 일을 최대한 지혜롭게 해결하는 수밖에 없다.

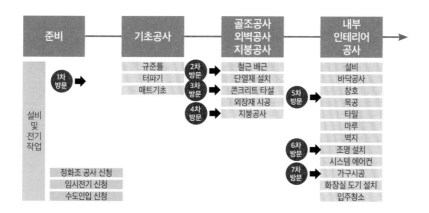

어리숙한 지휘자의 역량 탓에 전기업자가 수고한 일은 또 있었다. 인테리어 공사 기간에 층간에 기와 시공을 하는 바람에 2층 처마 아래 외벽등을 설치해야 할 상황이 발생했다. 미리 조명 설치를 하지 않으면 기와 위를 밟고 올라가서 전기 작업을 해야 하는데, 사고를 염려해 스카이차를 불러야겠다고 생각했다. 장비는 하루 대여료만 50만원이다. 결국 전기업자에게 전화를 걸었다.

나 : 사장님. 잘 지내시죠? 기와 시공을 하면 2층 지붕 처마에 외벽등 설치가 힘들 것 같은데요. 혹시 와 주실 수 있나요?

전기업자 : 가능하긴 한데, 지난 번 작업 때 하면 좋았을 텐데요. 또 방문해야 하네요.

나 : 정말 죄송합니다.

다행히도 전기업자는 현장에 방문해 외벽등 작업을 하고 갔다. 감사한 마음에 지금까지 도움에 대한 아낌없는 인사를 드렸고, 성품이 좋은 분이라 흔쾌히 상황을 이해해줬다. 처음에는 말수가 없고 묵묵히 일에만 집중하는 스타일인 줄 알았는데, 7차례 이상 만나면서 친분이 쌓여 나중엔 대화도 많이 나누곤 했다. 직영공사를 하면서 시공자 한 분 한 분을 만나 고락을 함께하니 기억에 남는 순간이 많다.

자기 집처럼 일하는 기와 사장님

기와 공사업자는 벽돌 회사의 영업 담당자를 통해 소개받았다. 나와 나이대가 비슷해서 첫 통화에서 대화가 잘 된다는 느낌을 받았다. 많은 시공자와 만나다 보니 몇 마디만 해도 소통이 잘 되는 사람은 일도 거의 깔끔하게 끝낸다. 그는 한겨울이었던 첫 현장 미팅 자리에 슬리퍼를 신고 나타났다. 알고 보니 기와는 경사가 있기 때문에 발목에 무리가 가서 평상시에는 근육을 풀어주기 위해 착용감이 편한 슬리퍼를 신고 다닌다고 했다. 당시 외장벽돌을 쌓고 있어서 건물 외벽 근처에 비계 발판이 있었는데, 그는 발판을 딛고 2층까지 단숨에 올라가더니 기와 시공 범위를 빠르게 체크했다.

내가 선택한 기와는 프랑스 점토 평기와 '모니어 시그니' 제품이다. ㎡당 10장이 소요된다.

공사 중간에 층간을 베란다로 바꾸는 바람에 2층 지붕만 시공하기로 했다. 기와 시공 한달 후, 층간 처마 옆면에 하얗게 이물질이 생겨 페인트를 바를지 후레싱(Flashing) 마감을 할지 고민이 들었다. 후레싱은 지붕 처마 끝을 마감재로 덮어 건물 외부에서 스며드는 빗물 등을 방지하기 위해 설치하는 금속판이다. 가격은 좀 나가지만 층간에 기와와 후레싱, 그리고 홈통을 설치하면 기능적으로도 좋고 외관상 깔끔하다. 결국 처마 옆면을 아연 각관으로 고정하고 0.5T 후레싱과 기와를 시공하기로 했다. 2층 박공지붕은 약 109m^2(33평)으로 시공업자 2~3명이 3~4일을 작업했고 층간 기와와 후레싱, 그리고 선홈통 작업은 3명이 4일 걸렸다.

겨울철 기와 시공은 정말 어렵다. 눈이 오면 공사가 중단되기 때문이다. 작업 중 눈이 두 번이나 와서 공사 기간이 1~2일씩 지연됐다. 다른 일정에 여유가 있어 다행이었지만, 겨울 공사는 날씨와 현장 안전관리 면에서도 까다로운 편이다. 나는 현장 근처에 사시는 아버지에게 부탁해 눈이 얼마나 쌓였고, 얼마나 녹았는지 사진을 전송받아가며 날씨를 체크해야 했다. 그런데도 어느 날은 기와 시공팀이 현장으로 출근하다 다시 돌아간 일도 있었다. 겨울철 공사는 습식공사도 쉽지 않고 땅도 얼어 조경공사도 할 수 없다. 기와 공사는 겨울에도 가능하지만, 눈이 오는 날은 할 수 없다. 이 점을 고려해서 기와 공사 기간은 예상보다 1~2일 정도 여유를 두고 잡는 것이 좋다.

기와 시공업자와 함께 일하면서 나도 나중에 저런 자세로 일해야겠다고 생각했다. 시공업자를 만나보면 자기 일처럼 하는 사람과 돈을 준 만큼만 일하는 사람이 있는데, 그는 늘 자기 집을 짓는 것처럼 건축주 입장이 되어 이야기해 줬다. 논의할 사항이나 솔직한 피드백이 필요하면 내게 전화를 걸어 항상 의사를 물었다. 이렇게 다양한 주제로 이야기하다 보면 중요하지만 잊고 있었던 일도 생각나서 즉각 대응할 기회도 생긴다. 시공업자에게 믿음이 한번 생기면 공사 기간 내내 안심이 되는 것은 물론이고, 매번 시공을 잘했는지 확인하기보다 시공을 어떻게 하는지 구경하는 마음으로 즐기게 된다. 나중에는 개인적인 이야기도 나눌 정도로 친해져 공사가 끝날 때는 그와 헤어지는 게 아쉬울 정도였다.

인스타그램에서 본 현관문 만들기

요즘은 다양한 SNS 통로를 통해 전 세계인이 공유한 멋진 주택과 인테리어 디자인을 한눈에 볼 수 있다. 현관문 이미지를 찾던 도중 인스타그램에서 중후한 색의 외장재와 현관문을 발견했다. 사진 아래 해시태그로 '#하이클래딩'이라고 표시되어 있어 태그를 눌러 외장재를 찾을 수 있었다. 제품 판매업체와 통화하며 관심을 보였

판매자가 보내준 샘플

더니 며칠 후 집으로 자재 샘플이 택배로 도착했다. 애초 판매자는 계약한 상태라야 자재 샘플을 받아볼 수 있다고 했는데, 내가 택배비를 부담한다고 말했더니 자신이 직접 부담하고 샘플을 보내준 것이다. 결국 이러한 판매자의 작은 배려에 감동을 받아 최종구매까지 이어질 수 있었다. 시공 후에는 완성된 사진을 보내 감사 메시지를 전달했다.

자재를 받고 나서 많이 고민했다. 사진으로 본 현관문 색과 육안으로 보는 색의 차이, 그리고 외장재 색과 잘

인스타그램을 보고 디자인한 신축주택 현관문

어울리는지를 미리 확인하고 싶었다. 현관문과 외장재 판매자에게 전화를 걸어 실제 시공 사례 사진들을 받아볼 수 있는지 물었다. 나의 노하우라고 할 만한 것은 '무조건 질문하기'이다. 맥락 없이 물어보는 게 아니라 일단 알아볼 만큼 알아보고 고민이 되는 사항을 물어보면 답변으로 인해 해결되는 게 많다. 이번에도 정말 현관문과 외장재 색 차이가 궁금해서 고민 끝에 질문을 했고, 계획했던 현관문을 그대로 시공할 수 있었다. 능동적인 질문은 돈이 들지 않는 좋은 습관임이 분명하다.

현관문은 온라인 자재상의 주요 판매 품목이다. 이들 업체는 유통뿐 아니라 배송, 시공, 도어락 설치까지 원스톱 서비스를 제공하고 있어 건축주가 별도로 시공을 알아보지 않고 한 번에 맡길 수 있다. 하지만 나는 현관문 시공과 도어락 설치를 각기 다른 작업자에게 맡겼다. 현관문만 시공하고 가는 사람이 외장재와 현관 타일 바닥 높이, 현관 바닥 마감 높이 등을 생각하지 않고, 본인 시공만 하고 가버린다면 뒷수습이 더 클 것 같다는 우려 때문이었다. 그래서 내장 목수가 문틀과 현관문을 설치하고, 도어락은 전문 설치업자를 불러

시공하게 했다.

건축사사무소와 오랜만에 통화를 하는데, 다른 현장에서 우리 집 현관문에 관심을 보이며 제품 정보를 공유해 달라 요청했다는 이야기를 들었다. 나의 첫 현관문 디자인을 다른 누군가 긍정적으로 평가했다는 사실에 기분이 좋아 바로 제품을 알려드렸다. 이번 공사를 진행하면서 자재 주문부터 시공자 찾기, 시공 프로세스 정하기 등 고민되는 부분이 많았지만, 결과적으로 내가 생각했던 현관문을 실현해냈다는 점에서 큰 보람과 자신감을 얻을 수 있었다.

건축선을 변경하다가 놓친 실수

건축법에는 '대지 안의 공지'라고 주거 및 생활 환경, 안전 등을 위해서 건축선, 인접대지경계선으로부터 건축물을 일정 거리 이상 떨어뜨려 지어야 하는 조항이 있다. 땅의 종류와 건축물의 용도, 지역 조례에 따라 거리는 각기 다르다. 나의 경우는 1m였는데, 동선을 조금 편하게 하려고 집을 왼쪽으로 살짝 옮겼다가 문제가 생겼다. 도로에서 건축물 처마 끝까지 거리가 채 1m가 되지 않은 것이다. 바쁘게 흘러가는 공사 현장에서 이런 실수는 치명적이라 할 수 있다. 심지어 이 실수는 골조공사가 마무리되는 시점에 발견했다.

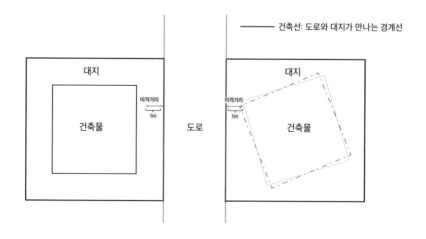

골조 사장님은 측량 장비를 들고 다시 측정했지만 이미 지붕까지 올라간 상황이었기에 자신의 잘못을 인정하고 대처방안을 고민했다. 이 부분은 준공에도 영향을 주기 때문에 사소한 착오가 아닌 중대한 실수에 속한다.

세상에 안 되는 건 없다. 과감하게 콘크리트를 자르자고 했다. 잘린 부분을 어떻게 마감할지 고민은 되었지만, 지붕 충간 부분을 후레싱으로 덧대 만족할만큼 보완한 적이 있어서 큰 걱정은 되지 않았다. 설비의 하자는 되돌리기 어렵지만, 표면 마감 부분은 자재와 시공 아이디어로 실수를 만회할 수 있다.

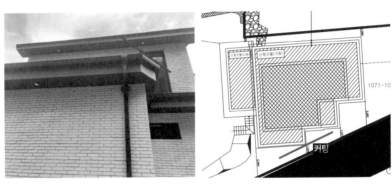

잘라낸 코너 처마

타설과 양생을 위한 최적의 조건

콘크리트 붓는 것을 '타설'이라고 한다. 거푸집에 콘크리트를 붓고 나서 양생, 즉 굳기를 기다리면 된다. 양생이 잘 되려면 수분을 유지하면서 따뜻한 온도 환경을 만들어줘야 한다. 일전에 주상복합아파트가 붕괴한 큰 사고가 있었다. 전문가들은 영하 날씨인 1월 중 발생한 시점을 보고 콘크리트 양생 불량이 원인 중 하나일 것이라 보았다. 내가 집을 지을 당시는 10월 중이라 양생에는 큰 문제가 없었지만, 12월 들어 기온이 영하로 떨어지는 날이 잦아지자 콘크리트 타설이 필요한 작업은 서둘러야 했다.

콘크리트 타설 공사가 한창 진행 중일 때 한 낯선 사람이 현장에 찾아와 명함을 건넸다. 근처 도로에서 정화조 관련 공사를 하고 있는 업체라고 했다. 그는 나에게 공사 스케줄이 겹치지 않게 레미콘과 펌프차가 오는 날을 알려 달라고 했다. 처음에는 정화조 공사를 영업하러 온 사람인 줄 알았지만 차를 끌고 마을 진입로에 나가보니 도로를 파내는 공사를 진행하고 있었다.

그 이후 레미콘과 펌프차가 들어오는 날이면 2~3일 전에 미리 연락해서 서로 공사 날짜를 잡았다. 작업 차량이 도로를 원활하게 다닐 수 있어 공사 일정도 지연되지 않아 다행이었다. 집 짓기를 준비하면서 전혀 생각해보지 않았던 상황인데, 역시 사람은 경험을 많이 해 봐야 지혜를 발휘할 수 있는 것 같다. 작업 현장은 경사진 길에 위치하고 꽤 좁은 길을 올라와야 해서 펌프카, 레미콘 등의 대형차량 등은 도로가 확보되지 않으면 난감한 상황을 많이 겪는다.

콘크리트 타설은 레미콘 차와 펌프카의 협업이 필요하다. 레미콘에서 콘크리트를 펌프카 통에 옮겨 부어야 하는 6~7분 정도의 시간에 지나가야 할 차량이 있으면 난감하다. 콘크리트 타설을 할 때마다 근처 주민 차량이 레미콘과 펌프카에 막혀 망연자실해하는 모습을 목격했다. 레미콘 기사에게 주민 차량이 지나가도록 레미콘 차를 빼달라고 하자 버럭 화를 내며 레미콘 차가 진입할 수 있도록 자리를 만들지 않았다고 불평했다. 이런 상황을 예상치 못했기 때문에 기가 죽어서 콘크리트 타설이 끝날 때까지 기다릴 수밖에 없었다. 그 이후에 콘크리트 타설 작업이 있으면 어떤 위치에 주차를 해야 하는지를 살펴보고 근처 도로 상황을 인지하고 막힐 것 같으면 평소보다 더 빨리 콘크리트를 주문한다.

이렇게 공사를 하다 보면 건축 경험이 전무한 건축주로 인해 불편함을 겪는 작업사들에게 미안함과 동시에 무거운 책임감을 느낀다. 화가 난 그 기사분의 외침은 다음 공사에는 절대 이런 실수를 반복하지 말라는 따끔한 조언으로 들렸다. 역시 혼나면서 배우는 게 확실히 더 오래 기억되는 순기능도 있다.

현장 근처 철물점과 건재상 확인하기

집을 지을 때 근처에 철물점이 있으면 좋은 점이 너무 많다. 물론 토지 매입 단계에서 근처에 철물점이 없다고 나쁜 땅은 아니다. 하지만 대부분 유동 인구가 많고 건축이 활성화된 곳은 철물점이 하나씩 있는데, 이 말은 동네가 좋다는 뜻으로 해석할 수 있다. 집을 짓다 보면 갑자기 필요한 건축자재가 반드시 생긴다. 일반 실리콘을 준비해 놓았는데 갑자기 작업자가 반투명 실리콘을 요청한다고 하자. 동네에 철물점이 없어 인터넷으로 주문하면 물류창고가 공사 현장과 2시간 떨어진 거리에 위치해 2,000원짜리 실리콘을 사기 위해 2만 원을 운송비로 지불해야 한다. 인터넷이 아니더라도 차로 30분 떨어진 철물점에 다녀온다 해도 누군가 차를 끌고 나가 1시간을 소요해야 하는 일이니, 동네 철물점 유무는 공사에 있어서 중요하다.

나의 경우, 동네에 중소형 규모의 철물점이 있어 공사 중간마다 단열재부터 배관 자재까지 다양한 건축자재를 주문할 수 있었다. 그곳은 3층 건물의 1층 전체를 철물점으로 쓰고 있었고, 뒷마당은 자재 창고였다. 철물점 사장님의 두꺼운 장부와 창고에 쌓인 자재들을 대충 계산해 보니 사장님 얼굴에서 광채가 보였다. 직원도 3명이나 있었다. 시간이 지나 단골이 되고 나니, 외상으로 물건을 사고 월 1회 비용을 납부하는 식으로 거래했다. 반품도 편하고 인터넷 가격과 비교 검색해도 크게 차이가 나지 않아 웬만한 자재들은 그곳에서 공급받았다. 동네 철물점은 반품도 편하고, 동네 장사라 A/S 받는 데도 이점이 있다.

	동네 철물점	인터넷 철물점
가격	인터넷과 비슷함	대부분 저렴함
재고수량	보통	많음
원하는 제품	기본 제품	다양한 제품
장점	•화물비가 안 든다 •자재를 직접 내려준다 •배송이 30분 이내로 가능하다	•다양한 제품을 한꺼번에 살 수 있다 •가격이 상대적으로 저렴하다
단점	품목수가 적다	거리가 멀어 운반비가 든다. (최소 2~3만원, 무게에 따라 6~9만원)

내가 집을 짓는 위치는 주택의 수요와 건축이 활발하게 이루어지는 지역이었다. 그래서 건재상도 제법 있었다. 철물점과 건재상은 건축자재를 판매한다는 점에서는 같지만, 건재상은 모래나 벽돌같이 무겁고 부피가 큰 자재를 취급하는 차이가 있다. 벽돌이나 레미탈은 동네 건재상에서 주문하는 것이 좋다. 인터넷으로 주문하면 화물 기사가 벽돌 500개를 1파레트에 싣고 온다. 500개의 벽돌과 레미탈 100포를 내리려면 어떻게 해야 할까? 나와 작업자 몇 명이 트럭에 올라가 벽돌 500개를 하나씩 바닥에 던졌고, 레미탈은 둘이 한 포씩 내려놓았다. 하지만 거래하는 동네 건재상에 주문하면 지게차가 같이 와서 자재를 한 번에 내려주고 간다. 사실 나랑 같이 자재를 내린 사람들은 다른 작업을 하고 있던 사람들이었다. 최소 20분이 걸린 하차 작업이었는데 하루 일당 20~35만원 하는 작업자들에게 7만원을 아끼기 위해 이런 잡일을 시킨다면 효율성이 떨어질 것이다.

동네 주민들의 마음을 사라

공사를 하다 보면 포크레인 같은 대형 작업 차량으로 인해 도로나 땅이 훼손되는 경우가 발생한다. 비 오는 날 포크레인이 흙으로 된 땅을 밟고 지나갔는데, 그 자리는 이웃 주민의 주차장 자리여서 원상 복귀해 달라는 첫 민원이 발생했다. 주차를 위해서는 흙보다는 자갈이 더 좋을 것이라고 생각해 건재상에 전화를 걸어 훼손된 땅 자리에 자갈을 부어 달라고 요청했다. 다음 날 자갈이 깔린 자리에 민원을 제기했던 주민분의 차가 주차되어 있었다.

공사를 하게 되면 동네 주민들에게 쌀을 돌리는 사람도 있고 무료로 시설물을 보수해주는 건축주도 있다고 들었다. 공사 중에는 당연히 소음이 나고 도로가 지저분해지므로 주민들의 불만이 나올 수 있다. 이를 가라앉히기 위해서는 상대방이 원하는 바를 제공하면 된다. 건축 자재를 도로에서 치워달라고 하면 지게차를 불러서 치우고, 땅이 훼손됐으니 책임지라고 하면 바로 복원해주면 된다. 이렇게 동네 근처에 건재상과 철물점이 있으면 다양한 변수에 빠르게 대처할 수 있는 능력이 몇 배 더 올라간다고 생각한다.

민원이 들어오고 난 후 공사장 근처를 지나는 주민으로 보이는 사람들에게는 무조건 허리를 90도 꺾어 밝게 인사를 했다. 그리고 불가피하게 주말에 공사를 진행해야 하는 상황이면 전날에 근처 집주인분께 떡을 돌리며 양해를 구했다. 그 이후 민원은 더는 들어오지 않았다. 전원주택 관련 인터넷 커뮤니티를 보면 주민들의 텃세가 심해 공사에 애로를 겪는 게시글들이 많다. 도심에 다세대 주택이나 다가구 주택을 짓는 시행사들도 주변 민심을 사기 위해 상당한 정성을 들이는 것을 볼 수 있다. 도시는 전원 지역보다 소음에 더 민감한 환경이기에 이웃들의 불편 사항이나 민원을 수렴하려는 적극적인 자세가 집 짓기의 성공 요인 중 하나이다.

시공자에게 시공자를 소개받아라

직영공사를 하는 사람이 처음부터 끝까지 모든 시공업자를 사전에 찾아 놓고 공사를 시작할 수 있을까? 내 경험으로는 거의 불가능하다고 생각한다. 전원주택은 공사단계가 기초공사, 골조공사, 내장공사, 조경공사로 나눠지는데, 20~30개의 세부 작업에 대해 1명씩만 알아봐도 30명이고 3배수로 알아보면 거의 90명 가까운 사람과 연락해야 한다. 현실적으로 온종일 놀면서 인터넷으로 공사단계별 시공업자를 찾아낼 수는 있겠으나, 나의 조건과 맞는 작업자를 분별하기까지 결국 오랜 시간이 걸린다. 기초공사와 골조공사에 투입되는 시공업자만 먼저 찾은 다음 외장공사, 인테리어, 조경공사 같이 뒤에 진행되는 작업들은 시간에 쫓기지 않고 찾아도 큰 무리는 없다.

작업자를 찾는 것보다 더 어려웠던 부분은 공사별로 소요되는 시간을 예측하는 일이었다. 골조공사도 비가 오면 쉬고, 코로나19 확진자가 생기면 쉬고, 날씨가 추워지면 쉬는 등 여러 가지 변수로 인해 마감일을 알 수가 없다. 이런 어려움으로 인해 인테리어 공사업체와의 스케줄을 조율하는 일이 쉽지 않았다.

골조공사를 진행하는 중에 도배 업체에 연락하면 언제 시공 예정인지 묻는다.

"2월 중순에서 3월 초쯤"이라는 대략적인 대답을 하면 "시공 1~2주 전에 다시 연락하라"는 내용으로 통화가 끝난다. 이제야 집을 한 채 지어보고 나니 머릿속에 골조공사가 언제 끝나고 벽돌은 언제 붙이고 에어컨 배관은 언제 뚫어야 하는지 큰 그림이 생겼지만, 늘 변수가 있기 때문에 기간을 확정지을 수는 없다.

이런 경험을 바탕으로 어떻게 하면 시공업자를 적절한 시기에 잘 찾을 수 있을까 생각해보았다. 결론은 공사를 진행하면서 만나는 시공업자에게 다른 시공업자를 소개받는 것이었다. 으레 현장에서 아는 업체를 소개해 줄 것 같지만, 실제로 직접 물어보지 않으면 먼저 소개하지 않는다. 괜히 소개했다가 결과가 좋지 않으면 본인이 책임져야 할지도 모르는 민감한 사안이기 때문이다. 나는 골조공사 사장님에게 설비공사업자를 소개받았고, 벽돌 납품업체 영업 담당자에게 기와 시공업자를 소개받았다. 심지어는 벽지업체와 전화를 하다가 내장 목수를 소개받기도 했다. 소개 받은 업자들이 나와 스케줄이 맞지 않을 수도 있고, 수준이 맞지 않을 수도 있고, 가격이 맞지 않을 수도 있다. 하지만 데이터들이 쌓이면 건축주 입장에서 시간에 쫓기지 않고 상황에 맞춰 시공업자를 선택할 수 있는 여유와 힘이 생긴다.

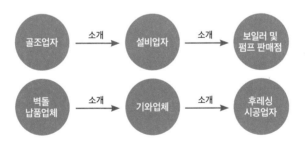

골조공사업자의 경우 첫 공사단계인 만큼 인력을 알아볼 시간이 충분했다. 하지만 설비, 전기, 정화조, 수도 인입 시공자들에 대해서는 시간이 충분하지 않았다. 하지만 자연스럽게 골조공사 사장님이 설비시공업자를 소개해 주고 전기업자는 아버지의 지인을 소개받았고, 정화조는 설계사무소에 소개를 받고, 수도 인입은 수도사업소에서 연결해 주었다. 미리 시공업자를 찾으면 좋지만, 못 찾는다고 너무 스트레스를 받을 필요는 없다.

사소하지만 꼭 해야 하는 일, 청소

현장에서 사소하지만 해야 하는 일이 있다. 무엇일까? 인원 체크? CCTV? 아니다. 바로 청소다. 아파트 인테리어 공사를 할 때 현장소장님은 퇴근 시간이면 항상 빗자루와 쓰레받기를 들고 열심히 청소했다. 그때는 청소가 중요한지 몰랐지만, 주택 신축을 하면서 쓰고 남은 자재들이 점점 바닥에 쌓이는 걸 보고 그가 왜 그렇게 청소를 열심히 했는지 이해할 수 있었다. 당시 현장소장님은 항상 내일 시공을 생각하며 청소 후에는 진입로까지 마련해 두고 퇴근했다. 타일 작업이 예정되어 있으면 전날 일용직 인부를 불러 청소를 시키고 시공 위치에 타일을 미리 가져다 놓는 양중작업을 지시했다. '양중'이란 '인양'과 '중량물'의 합성어로 무거운 물건을 올릴 때 쓰는 말이다. 현장을 지저분한 채로 두면 다음 공정의 작업자들이 청소를 해야 하는 경우가 생긴다. 해야 할 일을 못 하고 쓸데없이 청소에 시간을 쓴다면 건축주와 시공자 모두에게 부담이 되는 일이다.

청소는 건축자재를 보관하기에도 좋고 분실도 예방하는 이점이 있다. 공사를 하면서 자재를 분실하는 경우가 생각보다 많다. 보통 어디에 두었는지 잊고 일하다가 다른 자재에 묻혀 못 찾는 때도 있다. 화장실에 수전을 설치하던 중 시공자가 작은 못을 떨어뜨렸다. 수북이 쌓인 쓰레기 파편들 사이에서 결국 찾지 못했고, 연장통에 남은 못을 사용했다. 이런 경험들이 쌓여 공사 후반에는 현장 청소를 부지런히 해서 쾌적한 작업환경을 조성할 수 있었다.

청소에는 폐기물 쓰레기 봉투가 필요하다. 철물점에서 PP포대 100매를 구입해 공사 내내 폐기물을 담았다. 비닐소재지만 결속력이 강하고 상당한 무게를 버틴다. 이런 포대 자루에 부피가 작은 쓰레기를 담고, 단열재나 석고보드 같은 큰 폐기물은 쓰레기차를 불러 한 번에 가져가도록 했다.

사소하지만 있으면 좋은 것, 동네식당

공사 현장에서 사소하지만 있으면 좋은 조건 중에 하나는 점심을 배달해 주는 식당이다. 작업자들은 식사를 위해 차를 타고 나가기 귀찮아한다. 물론 몇 몇은 배달 식단이 입맛에 맞지 않는다고 나가 먹기도 했지만, 10명 중 8명은 점심을 시켜 현장에서 먹었다. 골조공사는 아침 6시 30분부터 시작해 점심 때면 이미 5시간을 일한 상황이다. 차를 타고 나가는 거리도 부담스럽고 더러워진 작업복을 입고 식당에 가기도 껄끄럽다. 대규모 건설현장은 '함바집'이라고 불리는 건설 현장 식당이 있지만, 전원주택 같은 소규모 현장에는 일반 백반집 배달로 대신한다. 작업자들도 빠르게 식사하고 남는 시간에 휴식을 취할 수 있어 더 선호하는 편이다.

골조공사 사장님은 식당에 공사가 끝난 후 한 번에 돈을 주겠다고 했는데, 식당 측에서는 난감해했다. 보통 공사가 중단되거나 싸움이 나면 돈을 받지 못한다는 것이다. 결국 내가 먼저 비용을 부담하고 나중에 골조공사 사장님이 나에게 돈을 주는 방식으로 대신했다.

공사를 진행하면서 운이 좋았는지 아니면 사람들을 잘 선별했는지 속썩이는 작업자를 만나지 않았다. 하지만 식당 주인이 말한 상황처럼 돈을 제때 받지 못해 손해를 보는 경우가 적지 않은 것 같다. 공사를 준비할 때 근처에 식당이 있는지 확인해보고 전화를 걸어 돈은 누가, 언제, 어떻게 주는 것이 좋을지 미리 상의하면 좋다.

사소하지만 없으면 안 되는 시설, 화장실

간이 화장실은 건설 현장 작업자들에게 사소하지만 없어서는 안 되는 중요한 시설이다. 건설 현장용 화장실은 검색해보니 총 3가지가 나왔다.

> 1. 푸세식 화장실 : 정화조 필요 없음
> 2. 포세식 화장실 : 정화조 필요 없음, 수도 필요
> 3. 수세식 화장실 : 정화조, 전기, 수도 필요

임대하거나 구매하는 방법이 있는데, 공사기간이 길어질 것을 우려해 구입하기로 결정하고, 제일 관리가 편한 푸세식 화장실을 선택했다. 푸세식 화장실의 특징은 아래와 같다.

> ● 성인 2명이 손으로 이동할 수 있다
> ● 성인 3명이 1년 동안 사용한 후 정화조 업체에 부탁해 오수청소를 한다
>   청소비용은 10~15만원
> ● 공사가 끝난 후 오수 청소 후 폐기물로 버릴 수 있다. 비용은 10~30만원

공사가 끝난 후 오수 청소 후 폐기물로 처리해야 한다는 점에서 비용이 추가되지만, 100명 이상의 작업자가 다녀가는 시설물에 돈을 아끼는 게 건축주 평판에도 좋지 않을 것 같아 과감하게 투자했다. 현장에서 작업자들이 최상의 컨디션으로 작업할 수 있도록 건축주는 기본적인 조건부터 관리해야 한다. 쾌적한 근무 환경을 위해 좌변기로 업그레이드하고, 휴지걸이도 타공이 필요 없는 부착형으로 설치했다. 예상

대로 작업자들은 간이 화장실을 열심히 드나들며 사용했다. 오수가 가득 차는 게 걱정이 되어 판매업체에 확인해보니 성인 3명 사용 기준으로 1년에 1회 오수청소를 한다는 답변을 듣고 안심할 수 있었다.

공사하면서 돈 문제로 고생 안 하는 법

건축주 직영공사의 단점 중 하나는 자금관리에 각별히 신경써야 한다는 점이다. 엑셀로 공사단계, 납부일자, 업체명, 제품명, 금액, 잔금, 납입 방법 등을 적어 매일 기록했다. 그리고 지금까지 지출된 공사비용과 예정된 총공사비용을 계산하여 앞으로 얼마나 필요한지도 예상해 관리했다. 견적서, 영수증 등 보관이 필요한 자료들은 공사단계별 폴더를 만들어 컴퓨터에 저장해 두었다. 공사비 지출에 대한 항목을 컴퓨터로 전산화한 이유는 수많은 업체와 주고받는 서류와 이체 내역을 체계적으로 관리하지 않으면 나중에 작은 실수가 눈덩이처럼 불어 걷잡을 수 없기 때문이다.

모든 공사단계를 나누어 폴더를 만들었다. 00설계부터 22가구까지 앞에 번호를 붙여 내림차순으로 정렬해 공정 순서대로 정리했다. 번호는 가구 순서가 아니라 연락을 한 순서대로 자연스럽게 정렬이 되었다. 정렬순서는 개인의 취향에 맞게 정하면 된다. 정화조 폴더에 들어가면 작업 사진과 견적서 등 자료를 조회할 수 있고, 이체받는 사람의 은행명과 계좌번호까지 저장해 두었다.

자금 이체 내역은 엑셀로 만들어 매번 이체할 때마다 어떤 자재와 인건비에 대한 지출인지 기록했다. 컴퓨터로 기록하기를 좋아하는 개인적인 취향 덕분에 공사 지출 내역을 전산화하여 재미있게 작업할 수 있었다. 컴퓨터 작업이 어려운 상황에서는 종이와 펜으로 기록할 수 있지만, 현실적으로 한계가 있는 것이 사실이다. 가능하면 주변 사람들의 도움으로 공사비 지출 내역을 컴퓨터로 기록하는 방법을 강력하게 추천한다.

돈은 언제 입금하는 것이 좋을까? 그 시기는 상황마다 다르다. 공사업체별 계약 후 선수금 및 중도금으로 주는 금액은 계약서에 의거하여 지급하면 된다. 일당 인건비는 계약해서 지급하는 경우 작업이 끝난 후 지급하면 된다.

	공사 업체별 계약	일당 인건비 계약
지급시기	계약서의 지급시기에 따라 지급	작업이 끝난 후 지급
지급횟수	계약서의 지급시기에 따라 지급	매일/매주/매월 협의 가능

골조공사의 경우 금액이 크고 기간이 1달 정도 예상되어 총 5번에 걸쳐서 공사비를 지급했다. 상황에 따라서는 시공업자가 돈을 먼저 달라고 요구할 수 있다. 그럴 때는 잔금 비중을 높여서 안전하게 자금을 운용하는 게 좋다. 1차 중도금까지 지급하고 2, 3차 중도금과 잔금만 남은 상황에서 시공업자가 2차 중도금을 당겨서 달라고 하면 어떻게 해야 할까? 1차 중도금을 주고 기초공사가 마무리되었고 1층 벽체를 올리는 골조공사에 인건비와 자재비를 미리 업체에 지급해야 한다는 명목으로 2차 중도금의 조기 지급을 원한다면 건축주 입장에서 충분히 고민되는 상황이다. 2차 중도금을 조기 지급하는 대신에 3차 중도금액을 줄이고 잔금 액수를 늘리는 역제안을 했고 시공업자는 동의

했다. 결과는 아무 문제 없이 골조공사가 마무리되었다.

	대금분류	금액	금액(₩)	부가가치세(₩)	총금액(₩)	설명
1	선급금					선급금(자재 구입비용)
2	1차 중도금					1차 기초 완공시(1층 바닥)
3	2차 중도금					1층 완공시(2층 바닥)
4	3차 중도금					2층 완공시(지붕포함)
5	잔금					아시바 및 자재 철수시
	총금액					

운이 정말 안 좋아서 작정하고 사기 치려는 사람을 만나면, 미리 돈을 미리 지급했다가 다음 날 공사 현장에 나타나지 않을 수도 있다. 하지만 아직 그런 시공업자는 만나지 않았다. 오히려 시공업자가 돈을 받지 못하는 경우를 자주 봤다. 현장에 벽돌을 납품했던 영업 담당자는 강원도의 한 현장에서 몇 백만 원을 받지 못한 상황이었고, 골조공사 사장님도 억대의 사기를 당한 것이 돈을 받지 못한 것 때문이라고 했다. 이런 이야기를 들으면서 나는 적어도 돈으로 남에게 마음고생은 시키지 않아야겠다고 생각했다.

그렇다고 손해를 보면서 남에게 돈을 주겠다는 말은 아니다. 돈으로 상대방의 마음을 좌지우지하면 집 짓기의 완성도와 품질에 부정적인 영향을 준다. 사소한 돈 문제로 시공업자와 관계가 틀어져 공사가 중단되면 건축주가 더 큰 피해를 입을 수밖에 없다. 계획한 기간 내 집을 완공하기 위해서 공사비 지출 내역을 꼼꼼하게 관리하는 게 중요하다. 때로는 시공업자들과 좋은 관계를 유지하기 위해서는 제때 돈을 주고 필요하면 웃돈을 얹어 건축주가 원하는 바를 이룬다면 서로 좋은 결말이라고 생각한다.

큰 창 VS 작은 창 | 많은 창 VS 적은 창

전원주택은 대개 도시 외곽 지역에 위치한다. 날씨도 도시와 비교해서 3~4℃도 정도 차이가 나는 환경이다. 최근에는 첨단 단열공법으로 에너지 낭비를 최소화한 패시브하우스(Passive House)가 유행처럼 번지고 있다. 나는 철근콘크리트 구조였기에 더욱 단열에 신경써야 했다. 단열 때문에 창문을 아예 만들지 않는 방법도 생각해 보았지만 외관이 삭막하고 내부에서도 답답할 것 같아 결국 방마다 창문을 내었다. 대신 창의 크기를 고민했다. 겨울철에 웃풍이라 해서 바깥바람이 창틀을 타고 들어오면 실내의 따뜻한 온기와 만나 결로가 생길 수 있다. 두꺼운 커튼을 설치해 웃풍을 막는 방법도 있지만, 제일 좋은 해법은 창의 크기를 최소한으로 하는 것이다. 간혹 창호에 열차단 필름을 시공하기도 하는데, 유리는 기본적으로 벽보다 추위와 더위에 더 열악한 소재이다.

거실은 뷰를 위해 창을 크게 했지만, 각 방은 창의 면적을 최소화했다. 거실은 잠을 자는 공간이 아닌 활동하는 공간이기에 어느 정도의 열 손실을 감수할 수 있으나 침실은 공간이 작아 열이 외부로 새어 나가는 연결통로가 많다면 쉽게 차가워지거나 더워지기 쉽다.

창호는 채광, 환기, 디자인의 역할도 담당한다. 단열을 강화하고자 채광과 환기를 과감하게 포기할 순 있지만, 외관 디자인은 쉽게 포기할 수 없었다. 막상 설계를 해보니 창문이 있는 집과 없는 집의 이미지는 생각보다 차이가 컸다. 창문이 없는 집은 감옥 같이 느껴지기도 했다. 창호를 계획할 때는 기능뿐 아니라 외관 디자인도 고려해서 위치와 개수를 정해야 한다.

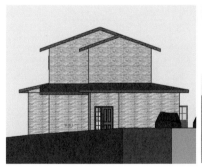

창의 유무에 따른 입면 변화

창호는 2중 유리로 2개의 미닫이를 설치하는 방법과 3중 유리창을 Tilt and Turn 방식으로 설치하는 방법이 있다. 흔히 '이중창'과 '시스템창'이라고 표현한다. 시스템창은 창틀과 유리 사이의 틈을 없애서 기밀에 더 신경 쓴 일체형 창호로 개폐 방식도 다양하다. 여닫이(앞뒤로 여닫는 방식), 미닫이(옆으로 여닫는 방식), 틸트창, 틸트앤턴 등의 개폐 방식을 제공한다. 가격은 시스템창이 더 높은 편이지만, 이중창도 단열 면에서 좋기 때문에 예산과 현장 상황에 맞춰 선택하면 된다. 나의 경우는 2중유리 이중창으로 방과 거실을 구성하고 계단 복도와 보조주방, 그리고 화장실 창은 시스템 단창으로 시공하였다. 간단히 말해서 창문을 열 필요 없는 공간은 시스템 단창으로 하고 단열과 개폐 기능을 사용할 공간에는 이중창을 선택했다.

창호 프레임은 크게 목재, 알루미늄, PVC로 구분되는데 대중적으로 시공되는 것은 플라스틱 재질의 PVC로 단열 성능도 제일 좋다. 이중창과 시스템창의 만족도는 사람마다 다르고 시공 수준에 따라 성능이 결정된다고 한다. 최근에는 패시브하우스에 적용되는 독일식 시스템창이 유행하고 있는데, 각자 예산과 취향을 고려해서 결정하는 것이 최선의 선택이라고 본다.

	미국식	독일식
개폐방식	미닫이 개폐 방식	여닫이 개폐 방식
유통	완성품으로 수입	수입해서 국내에서 조립
기능	기밀/단열성이 떨어짐	기밀/단열성이 좋다
가격	가격대가 합리적이다	가격대가 높다

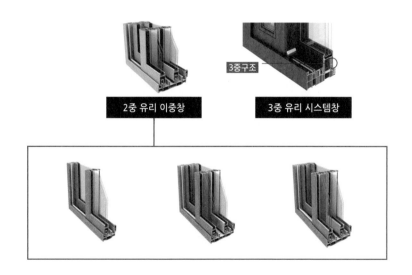

2중 유리 이중창   3중 유리 시스템창

창 종류			#	설치장소	규격(W×H)	설치높이 (마감재~)
픽스창 (소방관진입창)	단창	2중 24mm	1	2층 큰방 남측	1,200x1,450	800
프로젝트창	단창	3중유리	2	2층복도 북측	1,000x1,000	1,200
픽스+프로젝트 Or 수직미서기	단창	3중유리	3	계단실	800x3,100	2,300
픽스+미서기	이중창	2중유리	4	거실	3,000x1,800	530
	이중창	2중유리	5	주방	3,000x1,300	1,030
	이중창	2중유리	6	안방 북측	1,200x600	1,600
미서기창	이중창	2중유리	7	2층 큰방 서측	2,400x1,000	1,200
	이중창	2중유리	8	2층 작은방 남측	2,000x1,000	1,200
픽스창	단창	3중유리	9	지상 남측	미창	미정
미서기창	이중창	2중유리	10 11	반지하 창고 서측	1,200x600	1,600

위치별 창 종류와 규격

비계의 다양한 활용

비계는 일본어로 '아시바'라고 하고 영어로는 'BT'라고 한다. 일본어와 영어가 합쳐져서 'BT아시바'라고도 한다. 비계는 건축공사 때 높은 곳에서 일할 수 있도록 임시로 설치하는 발판이 있는 사다리라고 이해하면 쉽다. 벽돌, 페인트, 조명, 기와를 시공할 때 비계를 설치해 작업자들

잘라낸 코너 처마

이 높은 곳을 발판을 통해 이동한다. 비계는 보통 골조공사 진행 시 최초에 설치한다. 골조공사가 끝나고 비계를 철거하면 잔금을 주기로 했다. 외장벽돌과 기와 작업을 하기 위해 골조사장님에게 비계 철거를 며칠 더 연장하자고 양해를 구했다. 비계를 철거했다면 다시 대여하면 되는데 가격이 크게 비싸지 않다. 하지만 이왕이면 비용이 지출된 비계를 철거하지 않고 그대로 사용하면 시간과 비용을 절감할 수 있다.

비계 발판 위에서 작업자들은 벽돌도 쌓고 층간 지붕도 시공하고 외벽 조명

도 설치하고 페인트 도장 등의 작업도 진행했다. 비계를 철거한 이후에는 이동형 시스템 비계를 2세트 정도 구입해서 높은 곳에 올라가 작업할 때 사용했다. 사이즈가 규격화된 시스템 비계는 안정성이 높아 간단하게 이동하면서 작업해야 하는 기와 후레싱, 처마 페인트 시공 등에 요긴하게 사용되었다.

겨울철 공사의 어려움

건축 성수기가 왜 봄과 가을인지 이번 겨울 공사를 하게 되면서 많이 깨달았다. 상수도 인입 공사는 한겨울에 수도관이 얼기 때문에 부실 공사를 방지하기 위해 공사를 최소 2월 말까지 중지한다. 상수도 계량기는 스티로폼 단열재로 열차단을 하고 땅에 묻지만, 겨울철 영하의 기온으로 동파되는 경우가 많다. 입주 청소를 하며 싱크대 물을 사용하는데, 갑자기 물이 역류한다고 해서 확인해보니 상수도 계량기가 얼어 있었다. 다행히 지역 수도사업소에서 무료로 교체해 주었다. 인근 부모님이 사시는 전원주택은 한겨울 일정 기간 집을 비웠더니 동파로 수전에 금이 가기도 했다. 결국 15만원을 주고 새로운 수전으로 교체했다.

동파로 갈라진 수전

현관 포치 천장 옆면에 외장재를 습식 시공했는데, 추위 때문에 본드가 굳어 외장재가 바닥으로 떨어지는 사고가 있었다. 기와 후레싱 시공자에게 부탁해 피스를 박고 철판으로 가려 마감했다.

겨울에는 땅이 얼어 포크레인으로도 파지지 않는다. 조경업체에 연락해보니 조경공사도 3월 말이나 시작한다고 한다. 모르타르나 콘크리트 공사에는 양생이 필요하기에 고체연료를 사용해 온도를 유지해 준다. 간단히 말하면, 벽돌 조적이나 미장공사 같은 습식공사와 조경공사는 겨울철 공사가 어렵다. 기온이 영하로 떨어지기 전에 외장 벽돌 조적공사와 실내 바닥공사 등 습식공사를 끝내기 위해 부지런히 움직였다. 현관문 바닥 석공사도 겨울에 계약하고 봄에 시공하는 것으로 협의했다.

인테리어 공사도 찬 바람을 막아주는 창호를 설치해야 원활한 공사가 가능하다. 이렇게 겨울철 공사는 하자 가능성이 높고 공사비도 추가되어 신경 쓸 부분이 많다는 점을 명심해야 한다.

겨울철에 어려운 공사, 지붕공사는 눈이 오면 중단

Chapter #4

인테리어 공사

인테리어 공사

인테리어에도 설계가 필요하다

코로나19 이후로 실내에서 생활하는 시간이 길어지면서 많은 사람이 인테리어에 관심을 쏟는다. 나 역시 아파트 실내 공사를 하면서 무문선, 융스위치, 도장, 원목마루, 간접조명, 히든도어 등 디자인을 고려한 요소들을 많이 투입해놓고 보니, 집의 완성과 그 백미는 인테리어라 할 만하다고 여겨졌다.

주택 공사의 경우, 집을 설계해주는 건축사가 인테리어 디자인까지 그려주지 않는다. 건축사에게 받은 평면도를 바탕으로 먼저 건축주 스스로가 인테리어를 구상해 봐야 한다. 벽은 도배인지 페인팅인지, 바닥은 원목마루인지 강마루인지 건축주가 결정해야 한다. 마감재에 따라 바탕 작업이 달라지기 때문에 두 번 할 일을 한 번에 끝낼 수 있다. 건축물 구조 설계와 인테리어 설계가 동시에 진행되어야 집의 완성도가 높아지는 것은 당연한 일이다.

| 스위치와 콘센트 | 배전함 | 샤워부스 수납공간 | 화장실 휴지걸이 |

인테리어 디자인을 토대로 골조공사 단계에서 스위치, 콘센트, 샤워부스 수납공간, 휴지걸이 등의 위치를 작업자에게 미리 공유해야 한다. 깔끔한 벽면선을 위해서 요즘은 매입식 장치들이 많다. 휴지걸이나 샤워부스 수납공간은 콘크리트로 채우지 않도록, 타설 전에 단열재를 잘라 넣었다가 나중에 긁어내도된다. 나중에 콘크리트 벽을 부수고 시공할 수도 있지만, 신축 공사이니 사전작업으로 충분히 편하게 진행할 수 있다. 현장 일이 정신 없이 진행되다 보니잊고 지나치는 경우도 있는데, 이런 상황을 예방하기 위해 도면에 매입 위치를 표시하고, 도면이 없으면 종이에 그려서라도 작업 지시를 하도록 한다.

인테리어 공사를 위한 시공자 찾기

인테리어 공사를 위한 시공업자 찾기는 생각보다 수월했다. 인터넷 포털 사이트와 디지털 플랫폼 덕분이다. 지인 소개로 6개 업체, 인스타그램 소셜네트워크 앱으로 2개 업체, 인터넷 검색으로 4개 업체, 전문가 중개 플랫폼으로 1개업체를 물망에 올렸다. 누군가는 온라인으로 시공자를 찾는 것이 신뢰가 갈지의문일 수 있는데, 나의 경험상 믿을 만하다. 이제는 소비재뿐 아니라 특정 분야 전문가도 소개받을 수 있는 앱이 등장했고, 소비자들은 이들과 일한 후 솔직한 리뷰를 올리기 때문이다. 지인의 소개로 시공업자를 만나면 신뢰도는 예측 가능하나, 시공 능력은 검증이 어렵다. 소개를 받은 상황에서는 시공 방법을 일일이 묻거나, 최근 작업한 현장 사진을 보내달라고 하기에 눈치가 보이는 것이 사실이다. 인터넷 검색으로 시공업체를 찾게 되면 수많은 사진과 영상을 제공하기 때문에 시공 능력은 어느 정도 예측이 가능하다. 또한, 인스타그램이나 전문가 중개 플랫폼은 시공업체들과 실시간 메시지와 댓글로 소통이 가능하기 때문에 그들에 대한 정보가 오픈되어 있다.

	지인소개	인터넷 검색	인스타그램	전문가 중개 플랫폼
시공능력 예측 가능	X	△	O	△
신뢰도 예측 가능	O	O	O	O

인스타그램에서 목수를 구하다

골조공사가 언제 끝날지 예측이 되지 않아 내장 목수, 타일, 도배 등을 미리 알아보기가 어려웠다. 기존에 이야기가 오간 내장 목수는 골조공사가 끝나고 현장에서 미팅을 했지만, 건축주의 요구가 까다롭다고 포기했다. 마이너스 몰딩, 간접조명, 아치형 게이트, 작은 책장 제작을 의뢰한 것인데 이 작업을 어려워했다. 견적도 문틀 작업을 별도 시공비로 책정해 비용을 높게 제시했다. 작업자마다 다양한 방식으로 견적서를 내기 때문에 2~3개 정도 견적을 받아보고 예산과 작업 내용을 비교해 최종 결정을 내리면 된다.

목수 2명을 인스타그램으로 찾아 통화를 시도했다. 한 사람당 30분 이상씩 이야기를 나누고 둘 중 더 적극적이고 스케줄도 가능한 사람과 다시 연락을 했다. 서로 대화도 잘 통하고 느낌이 좋아 같이 일하자고 제안했다. 아파트 공사를 할 때는 현장소장님이 데려온 내장 목수가 알아서 자재를 구입했지만, 이번에는 직접 자재를 조달해야 하는 상황이었다. 목수에게 원하는 자재를 알려주면 주문하겠다고 했다. 미송, 멀바우 핑거집성판, 템바보드, 고체연료 등 나에겐 생소한 자재명이라 조금 걱정됐지만, 막상 철물점에 문의하니 모두 재고가 있어 어렵지 않게 주문했다.

작업도면은 목공반장님이 보고 바로 인지할 수 있도록 파워포인트에 평면도를 넣고 원하는 인테리어 완성 사진을 참고자료로 붙여 만들었다. 타일, 목공, 전기, 설비는 상세 작업도면을 만들어 공유했다. 앞서 공사 기간 중 건축주가 가져야 할 마음가짐은 '내려놓음'이라고 말했다. 원하는 것을 작업자에게 수십 번 말해도 안 될 일은 안 된다. 그럼에도 실수를 예방하고 계획대로 일을 진행하는 데 조금이라도 도움이 되도록, 건축주는 작업지시서를 만들고 여러 번 현장에 방문해 부지런히 확인해야 한다. 바쁠 때 전화로 소통하는 경우라도, 작업지시서의 도면과 사진을 기초로 하면 서로 다른 이미지를 상상하며 대화하는 것이 아니라서 빠르고 정확한 처리가 가능하다.

목공반장님과 일하며 배운 점

이번 첫 공사를 하면서 당연히 아는 것보다 모르는 것이 더 많았다. 인터넷으로 열심히 공부해도 막상 현장에서 일어나는 일들은 예측이 불가능했다. 수많은 시공업자들을 상대하면서 인생공부도 했고 사람 다루는 법도 배웠다. 건축공사를 떠나서 밖에서 일어나는 모든 일에서 우리가 배울 수 있는 교훈은 생각보다 많다. 그렇기 때문에 이번 공사를 하면서 얻은 가장 큰 성과는 좋은 사람과 어떻게 하면 좋은 인간관계를 형성할 수 있는지 배웠다는 점이라 할 수 있다.

사람들은 흔히 집을 지으면 10년 늙는다고 말하지만, 이 글을 적는 이 순간까지도 공사를 생각하면 설레고 흥분될 정도로 즐거운 일이라고 생각한다. 하지만 이렇게 즐거움을 주는 집 짓기도 때로는 스트레스와 긴장감을 준다. 목공반장님과 일을 하면서 서로 기대했던 수준의 온도 차이로 의견이 대립했던 때가 있었다. 지금 와서 생각해보면 건축주인 나의 조급한 마음으로 생긴 의견 마찰이라고 생각한다.

목공반장님에게 계획에 없던 현관문 시공과 현관문 주변 외장재 시공을 요청했고 수락하셨다. 처음에는 아무런 문제 없이 진행되었는데 시간이 지날수록 현관문과 외장재 시공이 진척이 없었다. 재촉한 바와 다르게 일이 계속 진도가 나가지 않아 목공반장님과 진지하게 이야기를 나눴다. 그는 생각보다 많은 일을 맡아 현관문을 시공할 순서가 돌아오지 않는다고 했다. 과도한 업무량이 목공반장님에게 할당된 것이고, 결국 계획했던 시공 날짜는 밀리기 시작했다. 마음이 급해진 나는 제 날짜에 목공작업이 끝나야 타일팀이 오고 그 후에 필름, 마루, 가구팀 작업이 가능하다며 최대한 빨리 목공작업을 끝내야 한다고 주장했다. 결국 현관문과 외장재 시공을 우선순위로 올려 작업하였고 목공반장님의 빈자리는 다른 작업자가 맡기로 했다.

목공작업의 마지막 날, 문득 나는 목공팀에게 짧은 시간에 최대한 많은 일을 시키는 데 혈안이 된 마음씨 박한 건축주가 된 것 같은 기분이 들었다. 낯부끄러운 뒤늦은 후회가 밀려왔다. 목공반장님은 일이 많아서 그런 것인데 마음이 급한 나머지 추가 작업만 요청하고 빼는 작업은 하나도 없었던 것이다.

목공반장님이 만능이라고 착각했고 욕심을 부려 현관문과 외장재 작업까지

무리한 요청을 한 것이 발단이었다. 아래는 목공반장님이 만들어 주신 현관문과 외장재다. 계단과 난간, 우물천장 및 간접조명도 원하는 대로 해주셔서 대만족했다. 결과는 좋았지만 시공 과정 중 나의 미성숙한 요구와 대처로 인해 미안함과 아쉬움이 많이 남았던 공사였다. 그럼에도 끝까지 책임을 다해 서로 협의한 날짜에 작업을 끝내 뒤에 남은 공사들을 성공적으로 마무리할 수 있었다. 목공시공에서 면을 잘 잡아야 가구, 도배, 필름, 마루, 타일 등의 작업이 깔끔하게 진행된다.

목공작업은 거의 모든 것이 가능하다

아파트 인테리어를 할 때 일이다. 태어나 처음으로 눈앞에서 목공하는 모습을 보던 날이라 기억에 남는다. 현장소장님이 데려온 목수는 인자한 인상이었다. 처음에는 서먹했지만, 시간이 지나면서 친해졌다. 멋진 작업 솜씨에 감탄하면 기분이 좋으셨는지 계획에 없었던 작업도 숙련된 기술로 깔끔하게 해치우곤 했다. 날카로운 날로 나무를 자르는 '마루노꼬'라는 테이블 톱을 쓸 때는 톱밥이 사방으로 튀는 그 역동적인 모습에 덩달아 흥분한 기억이 난다.

목공은 인테리어 공사에서 가장 중요한 라인을 만드는 영역이다. 공간에 가벽을 세워 나누거나, 빈 공간에 책장이나 수납장도 짜 넣는다. 머리로 상상하

테이블 톱

는 거의 모든 것을 만들어 낼 수 있다. 전기 벽난로를 주문한 후, 이것을 어떻게 처리할지 고민했다. 목수님과 상의 끝에 나무로 틀을 만들고 상판은 인조 대리석을 주문 제작해 올렸다. 목재틀 안 쪽에 콘센트가 있어 전기 벽난로에 전원을 공급하고 벽걸이 TV도 전선이 보이지 않게 설치할 수 있었다.

목공작업이 좋지 않으면 뒤에 이어지는 모든 공사의 품질이 떨어진다. 문틀도 잘해 놓아야 필름을 붙일 때 표면이 매끄럽고, 가벽을 정확하게 세우고 식고 보드와 합판으로 마감을 똑 떨어지게 해야 도배나 미장도 잘 나온다. 그만큼 인테리어 공사에서 목공은 중요한 부분이기에, 최대한 상세하게 설명해 보고자 한다. 목공공사에 필요한 작업을 크게 분류하면 다음과 같다.

•합판으로 문틀 시공 •기성품 ABS문틀 시공	문틀	가벽	•공간 분리 시 벽을 만듦
•목공으로 창틀 시공 •샤시공틀 시공	창틀	간접조명	•LED 조명이 들어갈 자리 목공 작업
•평천장 석고보드 2P •화장실 돔 시공	천장	우물천장	•간접조명을 연출하기 위한 우물 천장 목공 작업
•마이너스 몰딩 •평몰딩	천장 몰딩	아치게이트	•아치 모양의 통로
•창문 커튼 박스 시공	커튼박스	걸레받이	•목공으로 작업 가능 •마루업체에서 작업 가능

인테리어 디자인은 창작의 영역이기 때문에 이 책에서 설명하는 목공작업은 기본적인 내용이다. 집이 아닌 상업공간으로 넘어가면 천장도 없이 설비 배관을 노출하는 것도 하나의 디자인이기 때문에 고정관념을 버리고 자기가 원하는 이미지를 상상해보기를 추천한다. 인테리어 공사의 매력은 없는 공간을 창출하고 나의 라이프스타일에 딱 맞는 공간을 만들 수 있다는 점이다. 목공 공사에 대한 전반적인 흐름을 이해하고 지인 집이나 커피숍 같은 상업공간을 가보면 천장은 간접조명을 넣었고 걸레받이는 어떤 식으로 했으며, 문틀은 필름으로 했는지 문은 우레탄으로 도장했는지 보는 눈이 생길 것이다.

• 문틀 제작

문틀은 기성품으로 나온 ABS 제품이 있지만, 목수가 현장에서 직접 석고보드와 합판을 이용해 제작할 수도 있다. 문틀은 9*mm*로 진행하고 문과 문틀은 필름지로 랩핑해 색을 통일했다. 기성품으로 시공할 경우는 완성품으로 나온 틀을 설치하고, 문도 색상을 맞춰 골라 시공하면 추가작업이 필요 없다. 요즘에는 문선 역시 눈에 띄지 않는 무문선 도어를 많이 한다. 미니멀리즘 인테리어의 인기 덕분이다.

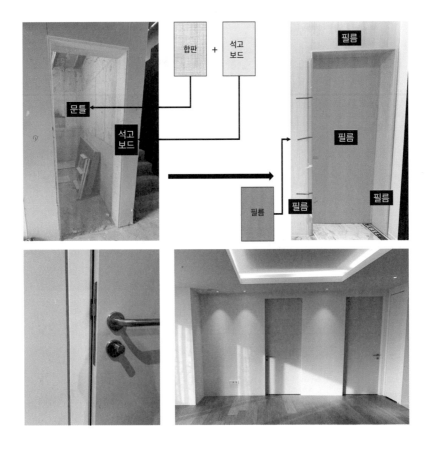

• 몰딩이란

몰딩이란 천장과 벽, 벽과 바닥 등 면과 면이 만나는 지점의 경계선을 보이지
않게 덧대는 자재를 말한다. 마이너스몰딩, 평몰딩, 무몰딩 등 종류가 다양하
지만, 개인적으로 마이너스몰딩을 선호한다. 천장의 경우, 무몰딩은 페인트
도장일 때 적합하고 도배를 하면 완벽한 마감 처리는 어렵다. 마이너스몰딩
은 말 그대로 벽과 벽이 마주치는 부분이 안쪽으로 들어가 벽지 시공 시에도
벽과 천장의 이음새를 숨길 수 있는 장점이 있다. 평몰딩은 자재를 그냥 붙이
기만 하면 되어서 작업이 가장 쉬운 편이다. 간단히 말해 페인트 도장이면 무
몰딩으로, 도배 마감이면 평몰딩이나 마이너스몰딩이 적합하다. 단, 무몰딩과
마이너스몰딩은 추가 작업이 까다로워 시공비가 높은 편이다. 아파트 공사를

하면서 거실은 페인트 도장에 무몰딩, 방은 도배 마감에 무몰딩을 선택했다. 신축 주택 거실은 마이너스몰딩, 방은 평몰딩으로 마무리했다.

구분	무몰딩	마이너스몰딩	평몰딩
마감재	도장 추천	도배 추천	도배 추천
난이도	상	중	하

•창문틀 제작

창문틀은 목공으로 직접 작업하는 방법도 있고, 창호 설치 시 포함되는 공틀 프레임을 사용하는 방법도 있다. 공틀을 사용하면 목공작업이 줄어 편하지만, 원하는 색상의 프레임이 없을 수 있어 주의해야 한다. 또 이중창은 프레임 공틀을 사용하기 적합하지만, 시스템창호는 창호 두께가 달라 목공으로 창문틀을 만드는 것이 보기에 좋다.

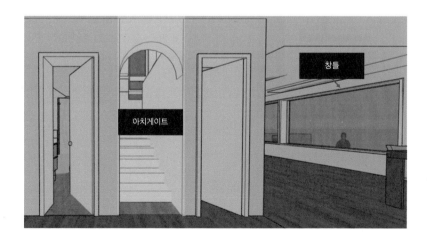

• 우물천장과 간접조명

천장공사도 목공팀에서 작업한다. 어떤 콘셉트로 우물천장과 간접조명을 시공할 것인지, 3D 모델링과 설계도를 그려 미리 내장 목수에게 전달하면 건축주가 원하는 대로 시공이 될 가능성이 높다. 공사를 하면서 느끼는 것이지만 말보다 그림이나 사진처럼 시각적인 자료로 전달하는 것이 시공자들의 작업 이해도를 높이는 비결이다.

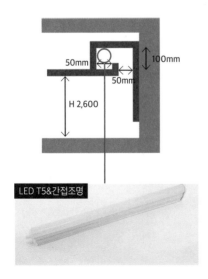

LED T5&간접조명

간집조명은 천장 목공작업을 한 이후에 LED T5 조명을 빨간색으로 표시한 동그라미 위치에 올려 놓으면 된다. LED T5 조명은 주광색(6,500K), 전구색(3,000K), 주백색(4,000K)으로 다양한 분위기를 연출할 수 있다. 사진에 사용한 조명은 전부 전구색(3,000K)이다. 전구색은 은은한 노란 빛으로 공간을 분위기 있게 만든다.

우물천장과 간접조명

간접조명

• 화장실 천장, 목공 vs SMC

화장실 천장은 목공으로 직접 짜는 방법이나 플라스틱 소재의 천장을 치수에 맞춰 그대로 끼워 넣는 'SMC(Sheet Molding Compound)' 방법으로 시공한다. 아파트 화장실은 거의 건식으로 사용하는 터라 목공으로 천장을 만들고 페인트로 도장했다. 반면 신축주택은 SMC 천장을 택했다. 주택 화장실도 건식으로 만들었지만, 플라스틱 소재가 누수에 강하고 점검구가 따로 있어 유지보수가 편할 것이라 생각했다. SMC 천장은 빠르면 반나절 만에 시공이 끝나고 조명이나 환풍기 위치를 작업자에게 알려주면 타공 후 천장에 올려 설치한다. 가격도 저렴한 편이다. 하지만, 간접조명 등 복잡한 구조의 화장실 천장은 목공으로만 해결할 수 있다.

목공 천장

SMC 천장

	목공 천장	SMC 천장
조명	간식 조명 및 조명 시공이 간소하다	조명 타공 및 위치 변경이 어렵다
누수	석고보드로 누수에 약하다	누수에 강하다
가격	목공 작업 인건비	가격이 저렴하다
마감	페인트 도장	마감이 필요없다

SMC 평천장을 시공할 때 있었던 일이다. 시공을 하기로 한 분이 일이 바쁘신지 매일 전화를 하면 내일 전화주겠다고 하고 연락이 없었다. 그렇게 연속 4일을 내가 전화했고, 어렵게 날짜를 정하고 시공 도면을 보내드렸다. 그리고 일주일 후, 약속한 날짜에 그가 현장에 왔다.

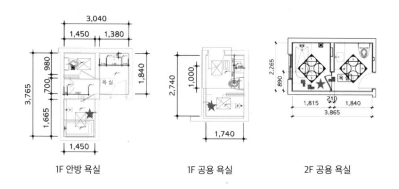

1F 안방 욕실　　　1F 공용 욕실　　　2F 공용 욕실

1층 화장실 2개, 2층 화장실 1개로 총 3개의 작업 현장을 둘러보더니 그는 생각했던 치수와 다르다며 오늘 작업을 일부 하고 다음 주 다시 와서 마무리를 하겠다고 말했나. 노빈에 적힌 치수와 골소공사를 끝낸 후 실측 지수는 다를 수 있다. 이 사실을 처음 도면을 보낼 때 미리 언급했기에 당연히 오차 범위까지 감안해 SMC를 가져올 것으로 예상했지만, 그는 설계도면 수치 그대로 재난한 자재를 가져왔다. 사전에 체크하지 않은 나의 불찰이었기 때문에 3개 화장실 중 2곳 먼저 작업하기로 했다. 하지만 첫 화장실부터 SMC 시공업자분은 내가 요청한 조명 타공 위치를 부담스러워했다.

나 : 벽에서 500㎜ 떨어져 타공해 주시고요. 이 조명은 센터에서 300㎜ 떨어져서 타공해 주시면 됩니다. 총 6개 조명이 들어갑니다.

시공업자 : 이렇게 정확하게 타공하기는 쉽지 않습니다….

당황한 나는 다른 현장에서는 어떻게 시공하는지 물었다. 정확한 대답은 듣지 못했지만, 감으로 조명이 있어야 하는 곳에 임의로 타공해 왔던 것 같다. 처음

에는 이해가 되지 않았지만, 멍하니 둘이 서 있으니 갑자기 이분이 포기를 할 것 같다는 불길한 예감이 엄습했다. 정신을 차리고 완벽하게 안 해도 되니 부담 없이 편하게 작업하도록 유도했다. 그렇게 첫 번째 화장실 작업이 시작되었고, 나는 꾸준한 칭찬을 하며 그분이 긴장을 풀고 일할 수 있게 배려했다. 자신감이 붙은 시공자는 두 번째 화장실은 빠르게 시공을 끝내고 다음 주에 오겠다고 하고 현장을 떠났다. 다음 주 아침에 다시 전화가 왔다.

시공업자 : 세 번째 화장실을 작업 중인데요. 지난 주에 말씀하신 타공 위치를 까먹어서 연락드렸습니다.

도면을 보고 다시 친절하게 알려드렸다. 나중에 현장에 가보니 요청했던 위치와는 약간 달랐지만 그래도 만족스럽게 공사는 끝나 있었다. 우여곡절이 있었지만 SMC 시공업자가 요청한 내용을 최대한 반영해서 포기하지 않고 시공해주었다. 공사를 하다 보면 이런저런 일을 겪을 수 있다고 생각한다. 시공업자끼리 싸우는 상황에서 중재하는 심판이 될 때도 있고, 악마 같은 건축주가 되어 시공업자를 괴롭힐 때도 있고, 힘들어하는 시공업자에게 칭찬과 격려를 해야 할 때도 있는 것 같다. 그 속에서 내가 말하는 바를 상대방이 똑같은 방식으로 이해할 것이라는 기대 자체가 잘못이라는 배움을 얻었다. 실측하지 않은 설계도면을 보내놓고 상대방이 오차범위까지 생각해서 자재를 준비해 올 것이라 생각한 나의 나태하고 안이한 태도가 그를 당황하게 만들었을 수 있다. 하지만 역으로 이번 일을 통해 그 역시 고객의 다양한 니즈를 수용하는 방법에 대해 배우지 않았을까 기대해본다.

•가성비 끝판왕, 필름작업
인테리어 필름은 창호 프레임, 방문, 수납장 문, 외장재 등 거의 모든 표면에 적용되는 가성비 최고의 자재이다. 방문, 반달템바보드, 주방과 복도의 수납장 상부에 필름지를 붙였다.

복도 수납장 상부 & 방문 필름 랩핑

창호 프레임 필름 랩핑

주방 수납장 상부 필름 랩핑과 벽면 반달템바보드 시공

템바보드는 요즘 아는 사람이라면 다 아는 자재다. 스탠드형 에어컨을 템바보드로 감추기도 하고, 구조물 표면을 마감할 때 쓰기도 한다. 보통 3가지 타입으로 판매되고 있는데 표면에 어떤 마감도 안 된 백골, 하도장 작업이 된 도장타입, 필름이 이미 래핑된 완성형 타입으로 나뉜다. 막상 작업해보면 페인팅

마감을 할 때는 도장타입을 사면 되고, 필름마감용 제품을 선택하면 시공이 가장 편하고 완성도가 높다. 이를 미처 몰라 백골 템바보드를 사서 현장에서 필름지를 붙였더니 면은 잘 나왔지만 필름 작업시간이 길어져 계획보다 반나절 추가 비용을 부담했다.

필름 작업은 시공자 2명이 2일간 일하기로 계약했다. 필름 대리점을 통해 직접 계약을 했기 때문에 특별한 작업지시를 하지 않았다. 대리점 측에서 알아서 작업자들에게 잘 전달했을 것이라 믿고 있었다. 작업 첫날에는 특별한 문제없이 일이 진행됐는데, 다음 날 예상치 못한 일이 생기기 시작했다.

나 : 방문 2개는 각각 그레이와 브라운 색 필름지로 래핑해 주세요. 어! 복도 수납장 인방 부분 필름이 세로 패턴이 아니라 가로로 시공되었네요? 다시 해 주실 수 있을까요?

작업자 : 필름지는 다시 덧붙이면 됩니다만, 방문도 래핑할 것이 있었나요?

수납장 문이 세로 패턴의 외장이어서 상부 필름지 마감도 세로로 붙여야 했다. 결국 필름지는 재작업에 들어갔지만, 방문 작업 내용은 아예 모르고 있어서 내가 당황했다. 대리점 측에서 전달을 제대로 못 받은 걸까 의아했지만, 이제라도 알고 요청해서 다행이라 여기며 넘어갔다. 하지만, 다른 복병이 있었다. 템바보드의 굴국이 짧아 하나씩 필름지 작업을 하다 보니 시간이 너무 오래 걸리는 것이다. 2일 차면 일이 끝날 거로 생각했는데, 결국 다음날 새벽에 와서 일을 마치기로 하고 돌아갔다. 다음날 새벽, 펑펑 내린 눈에 시공자들은 결국 다른 날 오겠다고 연락이 왔다. 창밖으로 내리는 눈을 멍하니 바라보고 한참을 서 있었다. 여름에 땅을 보러 다녔던 기억부터 인테리어 공사를 하기까지 겪은 수많은 일과 다양한 감정들이 주마등처럼 스쳐 갔다. 맨땅에 건축물을 세우고 그 안에 서 있는 내가 신기했다. 6개월 전 땅을 바라보며 그렇게 간절히 원했던 집이 지어졌다. 하늘에서 내리는 함박눈은 하루도 쉬지 않고 달려왔던 내게 한 박자 쉬어가라는 쉼표일지도 모른다.

필름 시공업자들은 다른 날 새벽에 방문해 템바보드 필름 작업을 완벽하게 매듭짓고 돌아갔다. 대리점 측도 작업량을 잘못 계산한 자신들의 실수를 인정하며 금액을 할인해주었다. 매번 이런 일을 겪으면서 커뮤니케이션을 수시로 하는 습관이 생겼다. 현장에 시방서와 설계도면이 있어도 일반인 직영공사는 감리가 부실할 수 있다. 머리를 쓰기 보다는 몸을 더 써서 변수를 최대한 예방하는 자세가 필요하다.

가구
상부 필름 패턴이 가로결

세로로 덧붙여 수정

문은 언제, 어떻게 주문할까?

집에 설치해야 하는 문은 대문, 현관문, 창고문, 방문, 중문 등 다양하다. 아래는 다양한 문에 대해 제작업체, 용도, 종류, 공사시기를 나누어서 설명해 놓은 자료다. 예를 들어, 창고문은 일반 창호 업체에서 구매 및 시공이 가능하고, 용도는 방화문이고 설치시기는 골조공사 이후 외장재 마감 후 실측 후 시공하면 된다는 식이다.

	창고문	외부통로문	현관문	방문	중문	대문
제작업체	샤시업체		건축자재상	방문 판매업체 공장주문 제작	종문 판매업체	대문 판매업체
용도	창고 출입문	집 보조주방에서 야외로 나갈 때	집 현관문	방 출입문	현관문과 내부공 간 사이에 설치	외부에서 주차 후 들어오는 문
종류	방화도어	시스템 터닝도어	철재 현관문 알루미늄 현관문 목재 현관문	ABS 도어 멤브레인 도어	양개형 슬라이딩 도어 3연동 중문	수도문 자동문
공사시기	외장재 마감 이후			목공 이후 가능 마루 이후 추천	도배 전 방통공사 시 문틀 공간 확보	조경공사시

	#	설치장소	규격	경첩위치	개수	종류/색상
현관문	1	현관	1,200x2,200	좌측	1	편개형
현관중문	2	현관	1,500x2,200	우측	1	3중슬라이드
폭900 방문	3	방 3개소	900x2,200	우측	4	화이트
폭800 욕실	4	욕실	800x2,200	우측	3	화이트
	5	2층 욕실	800x2,200	좌측	1	화이트
폭700 창고	6	계단 창고	700x2,100	우측	2	갤러리도어 화이트
출입문	7	보조주방반 지하 창고	900x2,200	우측	2	터닝도어 열쇠형

나에게 사연이 있는 문은 현관문과 방문이었다. 현관문은 집의 첫인상을 결정하는 사람의 얼굴과도 같다. 앞서 언급했듯이 멋진 현관문을 찾기 위해 많은 노력을 기울였고, 완성 후 나의 안목을 알아봐 주는 이들이 생겨 어깨가 으쓱했던 경험이 있다. 방문은 급한 마음에 문틀이 완성되자마자 실측 후 바로 주문했다. 하지만 중간에 설계가 바뀌면서 방문 하나를 다시 주문했고, 목공작업이 지연되면서 문을 설치할 시간이 없었다.

지금 와서 배운 사실이지만 방문은 목공공사와 마루공사까지 끝난 이후에 설치하는 것이 맞다. 목공공사 이후 바닥에 타일이나 마루를 시공하게 되면 바닥 높이는 더 높아진다. 미리 주문해 놓은 방문이 문틀에 끼어 들어가지 않는다면 다시 대패질을 하고 필름 래핑을 해야 한다. 마음이 급한 나머지 목공업자가 현장에 있을 때 일을 부탁하려고 서둘러 방문을 주문했다가 결국 마루가 끝날 때까지 마음만 졸이다 문짝을 깎아 낼 수밖에 없었다. 방문이 있으면 타일, 도배 등 작업할 때 동선에 방해만 되기 때문에 성급할 필요가 없다.

도어락 설치 방법

도어락은 현관문을 주문할 때 같이 해도 상관없지만, 별도로 설치하고자 하면 판매업체에 도어락을 설치할 수 있는 타공 여부를 확인해야 한다. 그렇지 않으면 도어락 설치업체 측에서 시공을 꺼려할 수 있다. 타공이 된 문으로 받아

문틀을 설치하고 문을 장착하는 작업을 한다. 이후 도어락 설치업체 측에 사진을 찍어 보내 작업 가능 여부를 물어보면 된다.

도어락 업체는 통화를 하며 아래와 같은 질문을 던졌다.

시공업자 : 주키 타입인가요? 보조키 타입인가요?

주키는 손잡이 일체형 제품이고, 보조키는 손잡이가 따로 있고 그 위나 아래에 키를 설치하는 제품으로 손잡이 교체가 어려울 때 사용한다. 도어락을 설치했다면 비디오폰과 초인종 및 개폐기도 있어야 한다. 신축주택은 대문과 쪽문, 현관문 이렇게 총 3곳에 출입구가 있어 고려해야 할 요소가 많았다. 제품마다 제공하는 기능과 그 범위도 달랐다. 예를 들어, 초인종은 되는데 카메라 연동은 안 되거나 개폐기는 총 2개만 지원하는 등 제품마다 특성이 달라 도어락 및 인터폰 업체와 잘 상의해서 준비해야 한다.

주키식 도어락과 보조키 도어락

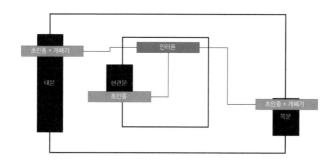

또한 초인종과 계폐기를 알아보면서 느낀 점은 사람들이 생각보다 자동개폐기를 사용하지 않는다는 것이다. 전원주택은 손님이 오면 직접 나가 문을 열어주는 것이 일반적이다. 공사를 할 때 이웃집에 음식을 돌릴 때도 초인종을 누르면 집주인이 직접 나와 문을 열어주셨다. 손님이 오면 마중 나가는 게 예의이기 때문에 그런 것도 같다. 도어락 설치업체 측에서도 현관문은 초인종만 하고 자동 문 열림은 하지 않는 집이 더 많다고 했다. 물론 이는 취향의 문제이니 각자의 라이프스타일에 맞춰 시공하면 된다.

이제는 스위치도 디자인 영역

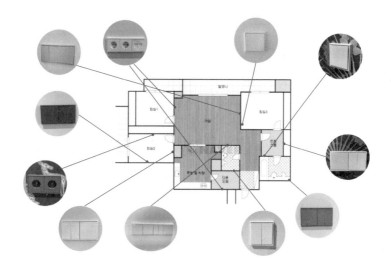

스위치는 독일 브랜드인 융스위치를 선택했다. 일반 스위치에 비해 비싸지만, 내구성이 높고 디자인과 색이 다양해서 요즘 고급 인테리어 현장에 많이 적용되는 제품이다. 해외직구를 한다면 배송업체와 가격이 문제라 어떤 제품 조합으로 주문해야 하는지 공부가 필요하다. 융스위치는 전기 기사들 중에서도 생소해 하는 분들이 많고 작업이 까다롭다. 셀프로 설치하기에는 난이도가 높아 설치 경험이 있는 전기업자에게 맡겼다.

융스위치는 조합에 따라 구입할 품목이 달라지기 때문에 공식 웹사이트에서 Manager라는 프로그램을 만들어서 소비자들이 쉽게 스위치를 선택 조합할 수 있도록 제공하고 있다. 건축주가 직접 프로그램을 다운로드 받아 구매품목을 선정해 볼 수 있다.

홈페이지 접속　　스위치매니저 다운로드　　원하는 스위치 조합　　리스트 산출

융스위치 주문 리스트

국내산 스위치 샘플 제작

국산 브랜드의 스위치도 충분히 디자인적으로 깔끔하고 기능도 훌륭하다. 국산 스위치의 감촉과 소리를 알아보기 위해 신축현장에 사용해 볼 7개의 스위치 샘플을 주문해 직접 실험해 보았다. 가족 모임에 스위치 샘플을 가져가 다양한 연령대의 취향을 파악하여 보편적인 디자인과 부드러운 키감의 제품으로 선택했다. 일반적인 스위치의 장점은 가격이 합리적이고 시공도 쉽다는 점이다. 국내에 보급되는 일반 스위치의 경우 고장이 났을 때 바로 주문하거나 여분의 스위치로 교환이 가능하지만, 외국 제품은 자재 수급과 가격 면에서 불리하다. 하지만 그만큼 내구성과 디자인이 뛰어나 값어치를 충분히 하기 때문에 스위치에 포인트를 주고 싶다면 과감히 선택해 볼 만하다.

타일 양중하기

타일 양중에 필요한 인력이 공사 현장에 왔던 날이다. 작업할 타일을 시공 위치에 미리 갖다 놓으면 시공 당일 일의 능률을 높일 수 있다. 일반 사람이 들기에는 무겁고 다칠 위험이 있어서 이 작업을 위한 인부를 따로 불렀다.

#	타일	크기	줄눈(아텍스)	위치	면적(m2)	수량
①	TERRA GREY	600*600	Light grey	변기올 시/북쪽벽 욕실 서쪽벽	4.3m2	10B
②	A501	600*600	Light grey	욕실바닥 전체	8.33m2	23B
②	A501	600*600	Light grey	포인트벽 제외 욕실벽	22.1m2	
③	AJF-R041	300*300	Light grey	세면대정면벽	3.34m2	1B
					38.07m2	36B

#	타일	크기	줄눈(아텍스)	위치	면적(m2)	수량
①	Mahogany	1,200*200	Cocoa	욕실 벽 전체	4.59m2	16
②	A501	600*600	Light grey	욕실바닥 전체/삼부다이	16.18m2	11B
②	A501 (R1A10)	1,200*600	Light grey	욕실 서쪽벽	5.7m2	4B
					26.92m2	20B

#	타일	크기	줄눈(아텍스)	위치	면적(m2)	수량
①	PYB-GR	1,195*600	Light grey	세면대벽/남쪽벽	13m2	10B
③	A501 (R1A10)	1,200*600	Light grey	포인트벽 제외 통로, 벽쪽, 서쪽벽	23.28m2	6B
②	A501 (R8609)	600*600	Light grey			14B
②	A501 (R3810)	600*600	Light grey	욕실바닥 전체	8.71m2	5B
					44.99m2	37B

현장에 자주 오시던 김반장님이 계셨다. 내가 타일 양중에 사람이 한 명 더 필요하다고 부탁했고, 다음 날 작업자가 함께 왔다. 1층에 시공할 타일과 2층으로 올라가야 할 타일을 분류하고 양중작업이 시작됐다. 무게가 상당하기 때문에 걱정이 많았다. 이 많은 타일을 어떻게 옮길지, 일하다 다치진 않을지 긴장이 되었다. 내 걱정과는 달리 새로 온 작업자는 일을 정말 잘했다. 너비 1.2m의 타일을 번쩍 들어 등에 메고, 모든 타일을 2층까지 실수 없이 옮겼다. 잠시 커피를 한 잔 하더니 바로 1층 타일도 옮기기 시작했다. 쉬지 않고 일하더니

타일을 2시간만에 모두 옮기고 빗자루를 들어 내부 청소까지 깔끔하게 끝마쳤다. 몇 시간 만나지 않았지만 일하는 모습을 유심히 관찰해보니 그는 가만히 있지 못하는 성격의 소유자였다. 일을 시키는 입장에서는 정말 좋은 작업자다. 하지만 이런 작업자의 단점이라면 너무 행동이 날렵하고 빠르기에 섬세한 작업에는 맞지 않겠더라는 생각이 들었다. 실제로 김반장님은 그에게 "천천히 해, 조심해, 편안하게 해"라는 말을 정말 자주 건넸다. 쉬지 않고 일하고 무조건 빨리 일하는 자세는 항상 좋은 것만은 아니라고 생각한다. 결과가 좋으면 모두에게 좋지만, 성급하게 일하면 결과가 좋지 않을 확률이 높다. 뭐든지 마음이 급하면 실수하고 행동을 크게 하거나 빠르게 하다 사고가 나는 경우가 비일비재하다. 내가 그랬다면 이렇게 일하지 않았을 것이다.

2명의 인부가 있다고 하자. 감독자는 이들에게 양동이를 이용해 연못에 물을 채우라고 시켰다. A 인부는 양동이에 물을 가득 채워 왔고, B 인부는 양동이의 반만 채워 왔다. A가 화를 내며 B에게 말했다.

A인부 : 왜 양농이의 반만 채웠어요? 다 채워와야쇼? 산머리 굴리는 거 아니에요?

B인부 : 막노동이라는 것은 한 일에 모든 에너지를 쓰면 안 돼요. 내가 지쳐 쓰러지면 주인이 다른 일을 시키지 못하기 때문에 주인도 손해고 나도 손해지 않나요? 천천히 노동량을 조절하면서 꾸준히 일하는 모습을 보여야 주인은 내가 부지런히 일하고 있다고 생각합니다. 열심히 쉬지 않고 일만 하다가 잠깐 앉아 쉬는데 그 순간을 주인이 보면 내가 하루 종일 논다고 생각할테니 억울하지 않겠습니까?

몸을 쓰는 일에 몸을 못 쓰면 가치가 0이다. B 인부처럼 자기관리도 하면서 꾸준히 지시대로 이 일도 하고 저 일도 하면 감독자 입장에서는 하루종일 일을 시켰는데 내가 작업한 일의 종류가 많으니 만족할 것이다. 타일 양중을 너무 일찍 끝낸 작업자의 성품과 일에 대한 열정은 충분히 이해하나 조금 더 자기 몸을 생각하고 일을 여유 있게 한다면 더 좋지 않았을까 생각해보았다. 작업자분이 몸을 챙기면서 일하면 장기간 일할 수 있어 건축주 입장에서도 좋다. 에너지의 반만 쓰는 막노동으로 건축주와 인부 모두가 만족할 수 있다면 가장 바람직하다고 생각한다.

타일 시공하기

타일은 점토를 구워 만든 건축자재로 물을 흡수하지 않아 화장실과 부엌 등에 사용된다. 최근에는 포세린 타일, 폴리싱 타일, 우드 타일 등이 주로 쓰이고 거실 바닥이나 벽에 붙이는 경우도 많아졌다. 타일을 시공할 때 쓰는 부자재들도 다양하다. 벽 접착제, 바닥 접착제, 줄눈, 욕조와 바닥 높이를 조절하기 위한 벽돌과 레미탈 등이 필요하다. 타일 시공에 필요한 부자재 종류와 신축 현장에 사용된 부자재 리스트, 그리고 시공 순서를 정리해 보았다.

타일부자재	사용목적
아덱스	벽 타일 접착 + 줄눈
에폭시	대형타일 접착
레미탈	욕조조적
벽돌	바닥공사
드라이픽스	바닥 타일 접착
코너비드	타일과 타일이 만나 코너가 생기는 부분 마감

투입자재	바닥 수평 맞추기	타일 시공	모서리 마감

샤워부스

문지방 단차없게
샤워부스만 5cm 낮게

레미탈
벽돌

아덱스
에폭시
드라이픽스

코너비드

아파트 공사를 했던 타일팀은 서울 외 지역은 일하지 않는다고 해서 신축 현장에 작업할 팀을 따로 알아볼 수밖에 없었다. 지인에게 소개받은 업체는 홈페이지를 보니 규모가 꽤 있어 신뢰가 갔다. 인스타그램으로 알아본 사람은 30대 타일 반장으로, 첫 통화에서 느낌이 좋았다. 느낌으로 결정하면 안 되지만 사람이 하는 일이기 때문에 소개팅처럼 상대방을 만났을 때 확 끌리는 기운이 있다. 이것을 미국에서는 'Chemistry(화학적 성질로 서로 강하게 끌리는 것)'라고 표현하고 한국에서도 '서로 케미가 맞다'고 말한다. 지금까지 최종 선택한 사람들의 공통점은 첫 만남 또는 첫 대화에서부터 케미가 맞았다.

30대 초반의 젊은 타일 반장과 여러 차례 통화를 나누며 타일 시공계획과 내용을 공유했고, 스케줄을 잡았다. 타일자재와 부자재는 무게가 엄청나서 팔레트 단위로 배송이 오면 지게차가 필요하다. 동네 건축자재상이 부자재들을 지게차로 금방 현장에 내려 놓았다.

집에 적용할 타일 종류가 8가지나 되었다. 작업팀에 시방서를 공유했음에도 혹시 문제가 생길까 봐 수시로 통화를 했다. 다행히 타일팀은 팀워크가 좋아 예상 날짜보다 반나절 빨리 작업이 끝났다. 정확한 작업지시 덕분이기도 했지만, 타일 코너를 졸리컷이 아닌 코너비드 마감으로 했기 때문이다.

졸리컷은 일명 '면치기'라고도 하는데, 타일 끝을 사선으로 잘라 모서리를 마감하는 방식이다. 보이는 면이 깔끔하지만 작업자의 공이 더 들어가기 때문에 시간이 오래 걸린다. 뒤에 예정된 공사 일정을 감안하면 신속한 시공이 우선이었기에 코너비드로 택했다.

2층 화장실

1층 안방 화장실

보조주방과 샤워실 벽면 수납공간

타일 시공자 중 인스타그램을 꾸준히 하는 분이 있었다. 업로드된 사진들을 보는데, 장난감을 갖고 노는 아이를 발견했다. 신기하게도 과거 내가 즐겨하던 장난감과 같은 제품이었다. 공사 마지막 날, 다른 분들이 쉬고 계신 틈을 타 사진 속 장난감 시리즈를 그분께 선물했다. 당일 저녁 그의 인스타그램에는 나의 선물을 갖고 노는 아이 사진이 올라왔다. 열심히 일하고 집에 들어온 아빠가 아이가 좋아하는 장난감을 크리스마스 선물로 가져온다면 좋을 거라 상상했다. 게다가 선물 받은 그 아이가 아빠의 주변 사람 중 내가 좋아하는 장난감의 가치를 알아주는 멋진 어른이 있다는 사실을 안다면 그 아이에게 아빠는 최고의 능력자가 아닐까?

그날 아이 사진을 보고 나 역시 큰 감격을 받았다. 그 일이 지난 후 돈을 벌고자 앞만 바라보고 살았던 나의 삶에 대한 자세와 생각이 바뀌었다. 때로는 뒤를 돌아보고 큰돈이 없어도 마음만 있다면 다른 누군가에게 행복을 줄 수 있는 존경받는 사람이 되고 싶다는 생각이 들었다.

타일공사가 생각보다 일찍 끝나 간단하게 청소를 마치고 집 밖으로 나가니 눈이 내리고 있었다. 12월 25일이었다. 겨울 공사는 쉽지 않다고 하던데, 정말 공사가 중단되기도 하고 습식공사 부분은 하자를 경험하기도 했다. 이제 한 템포 쉬어갈 때다. 조경공사를 진행하기 위해서는 날씨가 풀리는 봄까지 기다려야 하기에 1월부터 3월까지는 자연스럽게 공사가 중단되었다.

보기 좋은 디자인에도 단점은 있다

디자인은 어원이 'Designare'로 '계획하다, 설계하다'의 의미를 가진다. 우리 생활을 보다 편리하고 쾌적하고 아름답게 하기 위한 계획이나 설계를 포함하는 모든 조형 행위를 말한다. 시각 디자인, 제품 디자인, 환경 디자인 등 다양한 영역이 있지만, 특정 문제나 목표를 해결하고 성취하기 위한 활동이라는 점에서 공통점이 있다.

스마트폰이 세상에 등장하면서 우리가 사는 세상은 급격하게 달라졌다. 키패드를 없애고 버튼을 최소화한 스마트폰은 손가락으로 몇 번 화면을 터치하면 다음 날 아침 집 앞에 식자재를 배달시킬 수 있고, 복잡한 은행 업무도 손안에서 처리할 수 있다. 이런 점에서 스마트폰은 단순한 기술개발이 아닌 제품 디자인의 혁신이라고 생각한다.

지금까지 인테리어를 구상하며 단순히 미적인 데 치중한 시각 디자인 영역에만 집중하진 않았나 되돌아 보게 된다. 계획한 디자인이 기능적으로 편리하고 미적으로도 만족스럽다면 최고의 인테리어 디자인일 것이다. 기능을 포기하고 미적인 디자인에만 너무 집중하면 결국 결여된 기능으로 인해 다른 문제를 유발한다. 내 아파트의 경우, 거실 벽면을 페인트로 도장하고 걸레받이를 하지 않았다. 코로나19로 인해 집에서 격리 중인 시절, 너무 심심해하는 아이가 안쓰러워 밖에서 타는 전동 장난감 자동차를 거실에서 타게 해주었다. 신이 난 아이는 자동차를 타고 페인트 벽을 다 긁고 다녔다. 사포질을 하고 페인트를 덧바르면 보수는 가능하겠지만, 걸레받이를 했다면 덜 긁히지 않았을까 생각해 본다.

가구 수납장 문도 미니멀 인테리어의 하나로 손잡이 없는 히든도어로 제작했다. 직접 사용해 보니 푸시 위치가 가운데로 정해져 있고 조금만 다른 부분을 누르면 문이 열리지 않았다. 심지어 화장실 하부 수납장은 문이 제대로 닫히지 않아 아이가 세면대 사용 중 그 틈에 몸이 끼어 고통을 호소했던 적도 있다. 그날 이후 화장실 수납장 문은 밀어도 문이 열리지 않도록 조치하고 문을 열려면 문짝 아래를 잡아당기도록 바꿨다. 그렇다고 모든 수납장 문에 손잡이를 다는 것도 정답은 아니다. 자주 쓰는 문은 손잡이를 달고 자주 쓰지 않는 문은 히든도어 방식으로 타협하면 적당할 듯싶다. 신축주택에서는 이 점을 반영해 손잡이와 히든도어 범위를 어느 정도 분류해 시공했다.

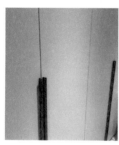

마루를 시공하려면 바닥이 갈라져야 한다?

마루공사를 하기 위해서는 콘크리트 바닥을 잘 긴조시켜야 한다. 콘크리트 특성상 완전히 굳는 데 시간이 오래 걸리기 때문에 습도를 함유하고 있으면 마루가 수축 및 팽창되어 하자가 생길 수 있다. 바닥을 함수율 체크기로 측정했을 때 5~7%가 나오면 시공이 가능하다고 하지만, 보수적으로 4~4.5% 수치가 나와야 안전하게 마루공사에 들어갈 수 있다.

마루업체 측에서 현장에 방문해 함수율 체크를 했다.

생각보다 수분함량이 높게 나와 걱정을 하셨고 다음에 다시 와 측정하기로 했다. 일주일간 난방을 쉬지 않고 돌리자, 서서히 콘크리트 바닥에 금이 가는 것이 보였다. 749,480원이 적힌 1월 가스요금 고지서를 받아보니 겨울철 추위가 더 춥게 느껴졌다.

일주일이 지나 측정한 값은 4.2%이었다. 그제야 시공 일정에 관해 이야기를 나눌 수 있었고, 작업은 하루면 충분하다는 답변을 들었다. 아파트 마루 공사도 면적 188m^2(57평) 기준으로 하루면 끝났으니 신축 현장의 면적 176m^2(53평)도 하루면 가능했다. 원목마루와 강마루 사이에서 많이 고민했지만, 전원주택에는 내구성이 좋은 마루가 더 나을 것 같아 강마루를 선택했다. 강마루가 보편적으로 널리 시공되는 이유는 가격 대비 만족도가 높기 때문이다. 당연히 비싼 원목마루가 퀄리티는 좋겠지만, 강마루도 점점 디자인이 다양해지는 추세라 대세를 따르기로 했다.

	강마루	원목마루
특징	내구성이 좋다	고급스럽고 친환경적이다
	보편적으로 널리 사용된다	습기에 민감함
가격	강화마루 < 강마루 < 합판마루 < 원목마루	

벽지로 공간을 디자인하다

벽지도 수입 제품이 있는지 인테리어 공사를 하기 전까지는 몰랐다. 서울 강남에 디자인 벽지를 수입해 판매하는 오프라인 매장을 찾아 컨설턴트의 도움으로 벽지를 구입했다. 재고가 없는 제품은 운송 시간이 필요해 미리 주문해 둬야 한다. 수입벽지는 일반벽지에 비해 예민한 재질이고 무늬를 맞춰 시공해야 하므로 공사가 까다롭고 오래 걸린다. 하지만 벽지가 주는 분위기가 공간 전체를 결정하기 때문에 값은 비싸도 과감히 투자할 만하다.

아이방

안방

드레스룸

일반벽지는 시공하는 작업자도 많고 디자인도 무난해 선택하는 데 큰 어려움이 없다. 수입벽지를 제외한 나머지는 일반 실크벽지로 시공하고, 신축현장에도 무난한 화이트 톤 실크벽지로 시공을 끝냈다.

신축주택 벽지공사를 위해 블로그에 서의 매일 작업 사진이 올라오는 한 업체에 전화를 걸었다. 별다른 문제 없이 도배사장님과 미팅 날짜를 잡았다. 골조공사가 끝나지 않아 실측이 어려웠기 때문에 시간이 촉박했다. 도배를 원하는 날짜에 마치지 못하면 마루, 가구공사가 불가능한 상황이었다. 마음을 졸이며 현장에서 미팅을 하고 시공일자를 협의했다. 그런데 갑자기 도배사장님이 할 말이 있다고 하셨다.

도배업자 : 사실 제가 최근에 암으로 의심이 된다는 의사의 소견을 들었습니다. 시공한 날짜에 조직검사를 해야 할 수도 있습니다.

나 : 네?! 암이요?

집을 지으면서 아픈 사람을 많이 만났다. 정체 모를 약봉지가 공사 현장에 돌아다녔고 어떤 작업자는 아내의 건강이 좋지 않아 일을 나오지 못한 적도 있다. 눈앞에 보이진 않아도 보이지 않는 곳에 몸이 아픈 여러 사람을 보니, 순간 나도 언제든 아플 수 있는 불완전한 인간임을 새삼 느끼곤 했다.

도배업자분은 자기가 없어도 다른 사람이 올 것이니 안심하라고 덧붙였다. 하지만, 나는 그가 와 주길 원했다. 모든 일에는 리더가 있어야 위계질서가 잡히고 작업도 일사천리로 진행된다. 리더라고 해서 모든 일을 성공적으로 수행하는 것은 아니지만 팀원들이 해야 할 업무와 그 양을 이해하고 일하기 때문에 완성도가 높다. 도배업자분은 병원에 입원을 하셨고 대신 일을 하러 온다는 분의 연락처를 받아 시공일자와 작업내용에 대해 업데이트를 했다. 도배 시공 날짜가 다가오자 마음이 불안했다. 불편한 마음에 다양한 상상 속 시나리오를 생각하다 잠이 들곤 했다.

약속했던 시공일자가 되어 도배지와 사다리가 현장에 도착했다. 시공자들이 승합차에서 우르르 내렸다. 연장을 나르는 시공자들의 바쁜 모습을 보며 지금까지 상상한 최악의 시나리오가 일어나지 않은 것에 감사하며 마음의 평온을 찾았다. 그들은 일사불란하게 현관 앞에 놓여 있던 도배지를 확인하고 건물에 들어가 시공할 부분을 확인하기 시작했다. 작업자 4명 중 가장 사교성이 좋아 보이는 분이 내게 말을 걸었다.

시공자 중에 커피나 음료수를 요청하는 분들이 가끔 있다. 이럴 때마다 나는
흔쾌히 요청을 받아들인다. 커피나 음료수로 작업자가 일을 더 능률적으로 할
수 있다면 작은 투자로 최대의 효과를 볼 수 있다. 물론 먹기만 하고 일은 그
대로 하는 사람도 있겠지만 인연이 닿아 내 집을 지어주는 사람에게 커피나
음료수로 하는 일을 격려하고 고마움을 표현할 수 있다는 점에서 건축주가
얻는 것이 더 많다. 그리고 음료를 건네며 사는 이야기를 한마디씩 나누다 보
면 유대감을 느낄 수 있는 공통 화제를 발견하면서 훈훈한 현장 분위기를 만
들 수 있다.

도배 사장님이 건강상의 이유로 시공에 참여하지 못해 여러 가지로 마음이 불
안했다. 다른 이들이 일을 잘 맡아 할 수 있을지, 시공 당일 아무도 오지 않는
것은 아닌지 등 시간에 쫓기는 입장이라 시작 전부터 부담을 많이 느낀 공사
였다. 하지만 막상 시공 당일에 도착한 작업자들은 기대 이상의 능력을 보여줬
고, 소통도 잘 되어 예상한 이틀 일정으로 시공을 마쳤다. 이런 경험이 쌓여 마
음에 굳은살이 생기면 웬만한 걱정거리에는 크게 동요하지 않게 된다. 공사 중
스트레스는 충분히 겪어볼 만하다.

조명 인테리어로 공간을 디자인하다

조명은 밝기와 색을 통해 분위기 있는 공간을 연출한다. 조명 디자인의 영역
은 혼자 사는 사람들이 늘고 공간에 대한 수준이 높아지며 상향 평준화되고
있다. 전구, 펜던트, 간접조명에서 나오는 은은한 빛은 편안함을 주는 인테리
어 포인트가 되었다. 처음 인테리어 공사를 준비하며 다양한 회사의 포트폴리
오를 연구했다. 몇 주를 검색해 보니 무문선, 무몰딩, 히든도어, 졸리컷, 세라

조명 종류	제품명	제품사진	사이즈	전구타입	색온도	설치장소
COB	3인치 7W COB 사각		□90*H44 타공 ø75	COB 7W	3,000K	거실/주방 욕실3개
3" 다운라이트	무슈 LED 매입등		ø100*H25 타공 ø75	LED 7W	3,000K	전실복도/창고 안방2층복도2 층작은방
3" 매립등	946 COB 매립등 > 쿠보 COB		ø90*H55 타공 ø75~80	LED 8W	3,000K	주방 보조주방
3" 방습매립등	LC 3인치 매입등		ø85*H50 타공 ø70~75	LED 8W	3,000K	욕실3개
T5	LED T5 고정형 간접 등기구		1,200mm 900mm 600mm 300mm	18W 14W 9W 5W	3,000K	상부장 아래
센서등	LED 면조명 현관조명			20W	6,500K	현관
센서등	LED 루미스 현관조명			13W	6,500K	외부현관
식탁등	노이 1등 3종류		ø85*H90	8W*3	3,000K	주방 식탁 위
계단실등	펠로 1등			5W*2		계단실

믹 상판, 빌트인 냉장고, 간접조명 등 인테리어와 관련된 검색어와 지식이 쌓이기 시작했다. 그중 가장 나의 눈길을 끈 분야는 조명이었다. 미국에서 지낼 당시 살던 원룸들은 모두 거실 천장에 등이 없었다. 이케아에서 플로어 스탠드를 구매해 생활할 때만 켜고, 나머지 시간에는 항상 어둡게 지내왔다. 인테리어에 관심이 없었던 때라 천장에 조명이 없어도 아무 생각이 없었다. 하지만 직접 인테리어 공사를 두 번이나 하고 보니 왜 그 집 천장에 조명이 없었는지 이해가 갔다.

조명 인테리어도 나라마다 문화에 따라 다르다. 덴마크의 '휘게'는 '편안하게, 따뜻하게'라는 뜻을 가진 단어로 긴 겨울밤 가족끼리 모여 식사를 나누는 훈훈한 시간을 표현할 때 쓰는 말이다. 북유럽에서는 밝은 조명보다는 촛불 하나 정도를 켜고 서로에게 집중하며 심리적 안정을 취하는 분위기를 즐긴다. 미국 추수감사절에 미국인 친구의 초대로 그의 집을 방문했을 때도 어두운 조명에 옹기종기 앉아 이야기하는 모습이 인상 깊었다. 이런 문화가 한국에도 전파되어 북유럽 가구업체인 이케아가 국내에 들어왔고 펜던트 조명이 등장하면서 조도를 최소화하고 은은한 간접조명을 연출하는 조명 디자인이 인기를 끌고 있다. 실제로 백화점이나 복합쇼핑몰 리모델링 콘셉트를 보면 전구색과 간접조명 인테리어가 많아진 것을 확인할 수 있다. 이런 변화의 흐름에 영향을 받아 나도 조명 인테리어에 특별한 관심을 갖게 되었고 아파트와 주택 현장에 간접조명과 펜던트로 조명 설계를 하게 되었다. 특히 페인팅 벽은 빛이 더 자연스럽게 퍼져 고급스러운 분위기를 조성할 수 있다.

가구로 공간을 디자인하다

인테리어 공사를 계약하면 견적에 포함되는 기본공사와 포함되지 않는 별도 공사가 있다. 기본공사로 가구공사가 견적에 포함되는 경우도 있지만 인테리어 업체에서 마진을 가져가야 하는 구조이기에 가격이 비싸진다. 소비자가 직접 제작가구를 알아보면 가격이 합리적이고 본인의 라이프스타일을 반영한 주문제작이 가능하다. 아파트 인테리어를 준비할 때 유명한 가구 브랜드 업체와 소규모 주문제작 업체 중 어느 곳에 맡길지 고민했다. 주방 싱크대 상판을 성인 기준 허리 높이로 제작하고 싶었는데, 브랜드 업체에서는 제작이 불가능했다. 결국 주문제작 업체를 밤새 검색해 찾아볼 수밖에 없었다.

내가 택한 가구업체는 브랜드 가구업체의 대리점이기도 하고, 자체 주문가구도 제작하는 곳이었다. 제작은 거래처 공장에서 주문 생산하고, 시공팀은 브랜드 인력을 쓰고 있어 타 업체에 비해 가격 경쟁력도 있었다. 대표가 쓴 블로그 게시글에서 가구에 대한 철학과 깊은 고민을 읽을 수 있었고, 무엇보다 같은 아파트의 같은 면적 공사를 한 사례가 있어 믿음이 갔다. 쇼룸을 직접 방문해 자재를 고르고, 며칠 후 가구 설계 도면을 받았다.

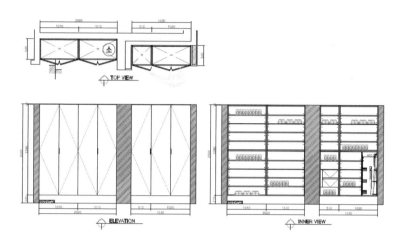

처음 받아 본 가구 도면은 직관적으로 그림이 그려 있어 이해하기 쉬웠다. 며칠을 옆에 두고 보며 수정할 곳을 체크하고 궁금한 점을 정리해 상의해 가며 도면을 고쳤다. 가구가 현장에 들어오고 공사가 끝날 때까지 가구업체 대표는 거의 현장을 떠나지 않았다. 업무 지시와 감리 역할에 모두 충실했다. 공사를 하다 보면 예상치 못한 다양한 변수에 대응할 인적 네트워크가 중요하다. 긴급한 모든 일들이 그의 전화 한 통으로 해결됐다.

나 : 대표님, 후드 선 연결이 하나가 안됐다고 하네요?

나 : 대표님, 인덕션 단독 배선 연결이 가능한 사람 아시나요?

나 : 대표님, 냉장고 쫄대 설치가 필요하다네요?

가구업체 대표 : 제가 전화하고 알려 드릴께요.

가구공사 현장은 항상 즐거운 분위기였다. 평소 관심이 많은 분야이기도 해서 나 역시 현장에서 까다로운 확인보다는 재미있는 일을 구경한다는 마음으로 임했다.

가구 자재 이동

가구 현장 시공

가구 공사 완료

화장실, 보조주방, 복도, 벽난로 수납공간 등에 동일한 색의 인조대리석을 사용했다. 대리석 무늬를 결정하는데 나처럼 빠르게 결정한 사람은 드물다고 했지만, 결론적으로는 대만족이었다. 오히려 고민해서 결정한 인조대리석이 막상 시공해보니 전체 디자인에 어울리지 못했다. 그래서 이번 신축 현장에서도 최대한 주변 색과 어울리는 제품으로 정했나.

자재를 선택할 때 고민이 된다면 톤앤톤으로 주변 색과 크게 다르지 않은 색으로 선택하고 조명으로 분위기를 더하거나 가구 소품으로 시선을 분산시키면 된다. 모는 부분에 고급자재를 사용한다고 고급스럽게 보이시 않는나. 보통 사람들은 공간 전체를 보지 디테일하게 보지 않는다. 새집을 꾸려 누군가를 초대했을 때, 인조대리석 종류나 벽 마감에 대해 물어보는 사람보다 TV가 몇 인치인지 물어보는 사람이 더 많다. 인테리어에 관심이 큰 사람은 아는 만큼 볼 수 있겠지만, 대부분은 공간 전체를 보고 느낀다.

주방 수납장은 하부에 레일이 달린 팬트리 수납 선반을 설치해서 평소에 자주 먹는 다과, 식재료, 약품 등을 보관하는 장소로 활용하고 있다. 하루에 냉장고 문을 여는 수만큼 팬트리도 자주 열어 간식이나 실온 보관의 식재료를 주방과 가까운 위치에서 바로 사용할 수 있는 큰 장점이 있다. 가구업체의 초대로 쇼룸을 갔을 때 미팅이 끝나고 헤어지기 직전 우연히 발견했던 팬트리 수납 선반이었다. 대표님에게 바로 팬트리 수납 선반을 견적에 넣어달라고 했다. 만족도가 높아 이번 신축 현장에도 팬트리 선반을 추가해서 시공했다.

복도는 우드 톤으로 통일하여 일반 벽면 같지만 실제로는 넉넉한 수납을 위한 공간으로 디자인하였다. 무선 충전 청소기를 수납장 안에 넣을 수 있게 했고, 콘센트를 수납장 내부에 설치해 놓았다.

2층 복도에는 키 큰 장과 하부장으로 구성된 가구를 시공하여 수납공간을 확보하고, 그림이나 거울을 걸어놓을 수 있도록 벽면 일부는 노출시켰다. 한 벽

면을 모두 수납장으로 만들면 복도가 좁아 보일 수도 있다. 안방으로 들어가는 공간은 화장대로 만들고 펜던트 조명을 매달아 포인트를 주었다. 안방 입구는 문 대신 개방감을 느낄 수 있도록 아치형 게이트로 디자인했다.

신발장은 키 큰 장 일부에 택배나 우편물 또는 삽화 등을 잠시 올려놓을 수 있는 매입 선반을 만들었다. 수납장은 바닥에서 일부 띄워 신발을 둘 수 있는 공간을 확보하고 전구색으로 간접조명을 설치했다.

욕실 수납장은 하부장을 구성하여 욕실용품 및 잡화 등을 수납할 수 있도록
했다.

목공공사는 인테리어의 가장 첫 단계로써 거의 모든 것을 만들거나 바꿀 수
있다는 점에서 '인테리어의 꽃'이라고 말한다. 목공에서 벽면을 잘 시공하면
깔끔한 도배 면이 나오는 것처럼 목공 시공이 잘 되면 가구가 오차 없이 딱 맞
춰 들어간다. 단, 완벽에 가까운 목공 작업이 이루어진 현장도 가구 디자인과
시공을 잘못하면 고급 인테리어가 한순간에 평범해질 수 있다. 가구는 집 전
체 공간과 실생활에 직접적으로 영향을 준다는 점에서 인테리어의 백미라 할
수 있다. 이제는 누수 없고 외풍 없는 집은 기본이고, 수납장의 컬러와 소재가
무엇인지, 주방 상판이 인조대리석인지 세라믹인지 등이 잘 지은 집의 척도를
가늠하는 수준에 이르렀다고 생각한다.

대면형 주방으로 가족을 보며 요리하다

과거의 주방은 작은 통창을 내고 그 아래에 싱크대가 있고 옆으로 조리대가
위치했다. 직각으로 꺾인 부분에 냉장고를 두어 삼각형 동선을 만드는 것이
보편적이었는데, 짧은 동선으로 가사를 하는 최적화된 레이아웃으로 인식되

었다. 여기서 주방이 더 넓어지면 'ㄷ'자 형으로 만드는 정도였다. 그러나 지금은 거실과 마주보는 대면형 주방이 인기를 끌고 있다. 아일랜드 테이블에서 거실을 바라보는 방향으로 조리대와 개수대를 두어 가족 모두가 식사 시간과 여가 시간을 함께 보낸다.

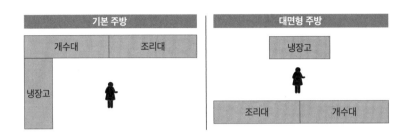

기본 주방	
개수대	조리대
냉장고	

대면형 주방
냉장고
조리대 / 개수대

대면형 주방이 트렌드인지라 아일랜드 테이블을 최대한 크고 넓게 해서 조리대와 개수대를 설치하고 뒤쪽 벽엔 냉장고와 키 큰 장을 배치해서 수납 공간을 넉넉하게 마련하였다.

대면형 주방의 특성은 뒤쪽으로 키 큰 장을 두어 바닥부터 천장까지 수납 공간으로 활용할 수 있다는 점이다. 빌트인 냉장고 위로 상부장을 내어 자주 쓰지 않는 주방도구를 보관할 수도 있다.

인테리어 리모델링 경우에는 아일랜드 테이블의 개수대 위치를 바꾸기 위해 바닥의 설비배관을 손봐야 해서 간단한 일이 아니다. 조리대는 가스 배관은 없애고 인덕션을 설치하는 것이라 전기 배선만 하면 되는데, 안전을 이유로 별도 배선을 하기 위해 추가 비용이 들게 된다. 또한 조리대 위쪽으로 주방 후드를 옮겨야 한다. 천장 위에 후드 배관이 올 수 있는 공간이 충분한지, 시스템 에어컨과 충돌은 없는지 등을 미리 확인해야 한다.

시스템 에어컨 설치 방법

에어컨 설치를 위해 판매 대리점 영업담당자와 계약을 하고 시공업자를 소개받았다. 실내기와 실외기, 그리고 시공비까지 포함한 견적을 받았다. 시스템 에어컨은 인테리어 공사 전에 천장 배관을 시공하면 좋다. 그리고 목공공사를 하고 천장 타공이 끝나면, 그때 실외기와 실내기를 설치하면 된다.

신축 현장은 목공 작업 전에 배관을 설치하고 모든 인테리어가 끝난 후 실내기를 설치했다. 현장마다 작업순서가 조금 상이할 수 있으니 상황에 맞춰 시공하면 된다.

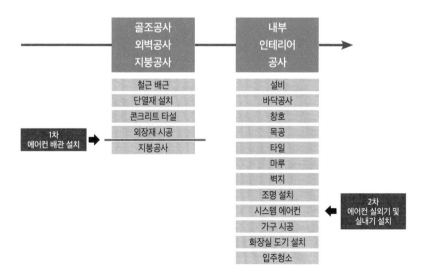

에어컨 시공자는 총 2번 방문해 에어컨을 설치한다. 첫 방문에서 1층과 2층에 천장 배관을 설치하고 두 번째 방문에서 실외기를 설치하고 천장 타공 부위에 실내기를 설치한다. 만약 첫 방문 이후 실외기 위치를 옮겨야 한다면 전기선과 에어컨 배관을 옮기는 작업이 사전 또는 동시에 이루어져야 한다.

실외기 1대로 1, 2층의 에어컨을 동시에 사용할 수 있는 모델도 있고 각 층마다 실외기를 두는 방법도 있는데, 가격 차이는 거의 나지 않는다. 신축 현장의 경우 사용할 수 있는 외부 공간의 여유가 많아 실외기 2개를 층마다 따로 두기로 했다. 하지만 그만큼 고려해야 할 변수들이 많았다. 건축물의 층간을 기와에서 베란다로 바꿨다가 다시 기와 시공으로 바꾸는 바람에 2층 에어컨 실외기를 불가피하게 옮겨야 했다. 그래서 에어컨 시공업자가 한 번 더 방문했고, 전기업자도 선 연장을 위해 현장을 다시 찾았다.

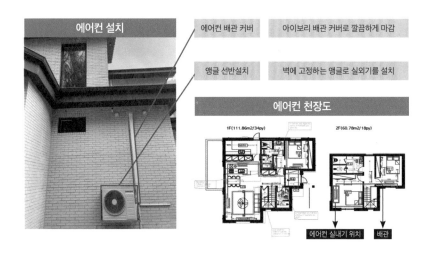

실외기 배관은 눈에 보이지 않으면 좋다. 나 역시 벽체 안으로 매립시공하려 했지만, 현실적으로 어려움이 많았다.

골조 공사 때부터 배관 위치를 정해 공간을 만들어둬야 하는데, 그렇지 못해서 배관을 밖으로 빼서 외벽을 타고 내리게 한 후 커버로 마감하는 방법을 적용했다. 에어컨 배관 매립을 원한다면 골조단계부터 어디에 실외기를 놓을지 생각해서 외장마감을 하기 전에 작업해야 한다.

공사 전에는 에어컨 시공 작업에 이렇게 많은 대화를 할 줄은 몰랐다. 설계 단계에서 실외기의 위치와 배관 위치를 충분한 고민 끝에 결정했었더라도 실시간으로 현장에서 일어나는 변수에 대해서는 어쩔 수 없이 즉각적으로 대응하는 것이 최선이라고 생각한다. 시스템 에어컨 판매업체, 시공업자와 동시에 적극적인 커뮤니케이션을 통해 실외기가 1대에서 2대로 바뀔 때, 실외기 배관 연장, 배관을 가리는 아이보리색 커버 구입, 1층 실외기를 벽에 앵글로 고정하는 자재구입 등을 원활하게 할 수 있었다.

직영공사를 진행하면서 만난 수많은 사람들과 별 탈 없이 공사를 진행할 수 있었던 이유는 잦은 연락으로 현장 상황과 시공업자가 생각하는 시공 범위의 차이를 좁혔기 때문인 것 같다. 역시 함께 일하는 사람과의 원활하고 정확한 커뮤니케이션은 모든 분야를 통틀어 중요한 자질임을 다시 한번 느낀다.

종류	작업 내용	특징
시스템 에어컨 판매업체	•실내기 선택 : 평형대별로 선택 가능 •실외기 선택 : 실내기 1개 설치 또는 실외기 2개 설치 •시공업자 소개 받기	•1차 연락 : 실외기/실내기 견적 •2차 연락 : 수정된 실외기 견적 •3차 연락 : 추가된 배관 커버 •4차 연락 : 배관 연장 •5차 연락 : 벽체 고정 앵글 구입
시스템 에어컨 시공업체	•실내기 타공 사이즈 얻기 → 내장목수에게 전달 •현장에서 에어컨 배관 시공으로 1차 방문 •위치 변경으로 배관 연장 시공으로 2차 방문 •목공에서 천장타공이 완료되면 실내기 설치로 3차 방문	•1차 연락 : 배관 시공 •2차 연락 : 배관 연장 •3차 연락 : 실외기 및 실내기 설치

Chapter #5

조경 공사

조경공사

1억 조경공사 견적을 받고 조경도 직영으로

조성공사는 아름다운 경치와 환경을 조성하기 위해 지형을 아름답게 꾸미는 일을 말한다. 펜스 길이 300m, 잔디 198㎡(60평), 보도블록 165㎡(50평) 규모의 조경공사가 남았다. 수개월 간 이어진 공사로 심신이 지쳐 있었고, 한 박자 쉬어가고 싶은 마음에 조경은 전문업체의 도움을 받으려 했다. 먼저 조경공사에 대한 범위와 전체 콘셉트를 이해하기 위해 컨설팅을 받아보기로 했다. 인스타그램에서 봐 둔 조경업체 몇 곳에 연락했고 그 중 한 곳과 현장에서 미팅을 잡았다.

그동안 직영공사를 하며 현장 미팅을 하면 많아야 2명 정도 방문했는데, 이번 조경업체는 3명이 미팅에 참여했다. 영업 담당자, 디자이너, 시공자로 역할이 나뉘었는데, 견적금액이 만만치 않을 것이라는 느낌이 바로 들었다. 인테리어

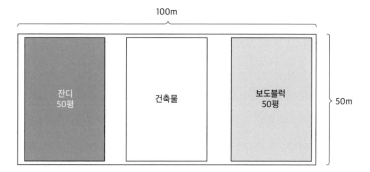

설계와 비슷한 조경 3D 모델링까지 별도의 비용을 받아 작업한다는 이야기를 들었다. 다다익선이라는 말처럼 많으면 많을수록 좋지만, 과연 내가 짓고 있는 공사 현장이 첫 미팅에 3명의 인력이 투입될 만큼 공사 범위가 큰 것인지 궁금했다. 결과적으로 영업 담당자는 시원시원한 성격으로 견적서까지 꼼꼼하게 제안해주었지만, 가격이 너무 높아 인연이 되지 않았다. 업체가 제안한 조경공사 범위는 잔디, 보도블럭, 대문, 데크 등의 시설물 공사와 나무와 꽃 같은 식재 디자인과 시공, 조명 설계와 시공, 추가 3D 모델링 설계 비용, 인건비까지 포함해 총 1억원에 달해 일반 전원주택이 감당하기에는 큰 비용이었다. 물론 돈을 많이 쓰면 고급 인테리어를 할 수 있듯이 조경공사도 비용을 들이면 멋진 정원을 가질 수 있다. 그러나 제한된 예산 안에서 공사를 진행해야 했기에, 결국 직영으로 하는 것이 합리적인 판단이었다.

얼마나 비용을 절감할 수 있을지 감은 없었지만, 기본 콘셉트를 잡고 현실적인 예산을 정했다. 마당은 처음에 너무 많은 요소를 시도하면 살면서 후회하거나 꾸밀 공간이 부족한 부작용이 생길 수 있다. 인테리어 공사를 하면서 가구업체 대표님은 공간을 비워 놓으라는 말을 자주 하셨다. 본인 입장에서는 가구를 제작하면 더 이득일 텐데, 양심적으로 내게 모든 공간을 채우는 게 정답이 아니라는 것을 오랜 경험으로 말해주신 것 같다. 조경공사도 같은 생각으로 최소한의 비용으로 디자인도 살리고 갖출 건 다 갖춘 조경공사를 진행했다.

조경공사 계획하기

초기 배치도를 그릴 때 조경공사의 범위와 세부 계획이 어느 정도 잡혀 있어야 하지만, 건축물과 평면도에 많은 시간을 할애한 탓에 배치도에는 기본적인 마당 시설물에 대한 콘셉트만 잡혀 있었다. 하지만, 겨울 공사를 진행한 탓에 운 좋게도 2달의 여유가 생겼다. 봄이 되고 날씨가 풀려야 조경공사를 시작할 수 있으니 말이다. 배치도를 펼치고 펜스, 대문, 데크, 보도블록, 잔디, 식재 등 마당 계획을 본격적으로 세우기 시작했다.

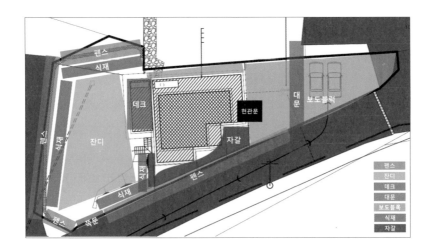

조경(Landscape Architecture)은 '아름답고 유용하고 건강한 환경을 조성하기 위해 인문학, 과학적 지식을 응용하여 토지를 계획, 설계, 시공, 관리하는 예술'이라고 정의되고 있다. 전원주택을 짓고 있는 저자의 경우 조경이란 전원주택을 더 전원주택답게 만들어주는 환경을 조성하는 행위라고 생각한다. 잔디와 디딤석을 조화시켜 길을 만들고, 경계식재로 마당의 용도를 구분하고, 멋진 나무 아래 테이블을 두어 휴식공간을 조성하는 일련의 행위들이 내가 원하는 전원주택을 만드는 핵심이다.

조경공사를 계획할 때 가장 먼저 결정해야 할 대상은 바닥의 종류다. 잔디는 어디부터 어디까지 시공할 것이며 잔디와 보도블록을 구분하는 경계는 어디로 어떻게 만들 것인지 정해야 한다. 나무 주변을 마사토로 깔지 자갈로 마감할지도 결국 바닥 종류를 정하는 조경 계획의 첫 단추라 할 수 있다.

| 바닥종류 | 자갈 | 잔디 | 보도블록 | 데크 | 흙 |

자갈 | 석재 후 자갈마감 | 경계석으로 보도블록과 자갈 구분

잔디 식재 | 합성목재 데크

바닥 종류를 결정했다면 부지 내 위치한 트렌치, 집수정, 부동전, 대문, 쪽문 등에 대한 시공과 마감을 고려하면서 공사를 계획한다. 예를 들어, 보도블록을 시공할 바닥에 대문을 설치해야 한다면 보도블록 시공 전에 미리 대문 시공업자가 현장에 방문해 시공 위치를 표시해 놓아야 하고, 자동문의 경우 전기선을 미리 빼놓고 그 부분은 보도블록 시공업사가 비워 놓아야 한다.

자갈 바닥이라면 식재를 먼저 하고 그 위에 자갈을 깔아 분위기를 연출하거나 일부 디딤석 판재를 깔아 동선을 만들 수도 있다. 자갈은 잔디처럼 제초할 필요도 없고 배수에도 유리하기 때문에 경계 식재면이나 사람이 잘 다니지 않는 일부 공간에 시공하기로 결정했다.

주차장 바닥부터 현관문 그리고 보조주방 입구까지는 블록을 깔았다. 주차를 대문 안쪽으로 할 수도 있고, 사람이 자주 다니는 동선이 보조주방 입구 쪽과 현관문 앞이기 때문이다. 보조주방 반대편은 상대적으로 통로가 좁고 도로 쪽 방향이라 이동이 적을 것이라 판단해 자갈로 시공했다.

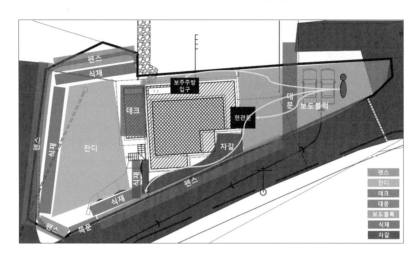

지형에 맞는 대문과 쪽문 위치 선정

양쪽에서 주택으로 출입이 가능하도록 대문과 쪽문을 만들었다. 대문 길이가 10m가 넘어 수농으로 하기에는 부담이 되어 자동문으로 결정했는데, 순간 인터폰과 개폐기 선은 보였지만 전기선을 찾을 수 없어 당황했다.

불현듯 설계 당시 전기자동차 충전이 필요하지 않을까 하여 빼놓았던 선이 생각났다. 주차장 쪽에서 그 전기선을 찾아냈기에 망정이지, 아니었다면 다시 땅을 파고 전기선을 심는 작업을 할 뻔했다. 배치도의 중요성에 대해서 다시 한번 느낀 순간이다. 터파기를 할 때 전기업자에게 각 출입문 위치에 인터폰, 개폐기 외 추가 전기선 하

나 정도는 꼭 빼놓아달라 당부해야 한다.

대문 쪽에 전기선을 빼놓은 것이 신의 한 수가 되었다. 대문 시공업자가 전기선 연장을 위해 전선관

작업을 해두고 전기업자가 와서 배선 작업을 마무리했다. 보도블록을 시공할 때 전선관을 노출해 자동 대문 시공 작업을 편하게 할 수 있었다. 경사로에 위치한 건축물이기 때문에 대문은 집 방향으로 열리는 양개형으로 만들고, 좌측에 사람 출입이 가능한 보조문을 구성했다.

전기 배선을 위한 전선관 연장

보도블록 시공 시 전기선 노출

기둥색에 맞춰 주문한 우체통

반나절 걸린 인터폰 설치

비디오폰 설치를 위해서는 터파기부터 신경을 써야 했다. 비디오폰과 초인종은 대문이 완성되어야 시공할 수 있는데, 터파기 때 통신선과 전기선을 미리 심어 놓아야 가능하다. 착공 초기부터 비디오폰과 초인종 시공업체를 찾았지만, 너무 일찍 연락했다며 대부분 방문을 연기했다. 결국 조경공사 시기에 맞춰 업체를 다시 찾아보기로 했다. 블로그를 통해 한 비디오폰 회사와 연락이 닿았다.

나 : 대문, 쪽문, 현관문에 초인종을 설치하려고 합니다. 집 거실 벽면에 비디오폰도 시공하고요. 대문 자동 개폐는 어떤 식으로 사용할 수 있을까요?

설치기사 : 사용하는 보드에 따라 자동 개폐가 가능한 개수가 결정됩니다. 원하시는 시공범위를 알려주시면 가능한 모델을 찾아서 다시 연락드리겠습니다.

도어락을 설치하신 분의 의견도 듣고 비디오폰 시공업자의 이야기를 종합해서 시공 범위를 정하였다.

시공 범위	현관문	대문 옆 쪽문	대문 옆 쪽문
초인종 설치 여부	O	O	X
자동 개폐 여부	X	O	X

쪽문은 많이 나니지 않는 문이라 초인종과 자동 개폐 기능을 실치하지 않았다. 하지만 대문 옆에 이어진 쪽문은 자주 이용하고 동선도 짧아 자동 개폐 기능을 사용하기로 했다. 초인종 역시 현관문과 대문 옆 쪽문에 설치했다.

외부 초인종의 카메라 시공은 무리 없이 진행되었는데, 건물 내부가 문제였다. 인테리어 마감이 다 끝난 상태라 더 이상의 공사는 없다고 생각했는데 7인치 비디오폰이 들어갈 벽을 타공해야 했다. 미리 타공해 둔 사이즈가 너무 작았던 것이다. 또한 벽면에 전자시계, 비디오폰, 자동 개폐기 등 총 10가닥이 넘는 전기선이 물려 있어 전기선 수납함이 필요했다. 비디오폰 시공자분은 최선을 다해 시공했지만, 결과물을 보고 난 놀라고 말았다.

나 : 벽면에서 비디오 폰이 너무 튀어나왔는데요? 매입해야 할 것 같은데요?

설치기사 : 저도 그게 나을 것 같습니다만, 제가 직접 벽면을 타공하기는 부담스러워서요. 대신 해주실 작업자 분이 있을까요?

마침 현장에 조경공사를 진행 중이라 일할 분이 계셨다. 칼과 그라인더를 사용해 타공 사이즈를 맞춰 석고보드를 자르고 전기선 수납함을 벽면에 깔끔하게 매입하였다. 예상치 않은 과정에 놀랐지만 어쨌든 무사히 비디오폰 시공을 마쳤다.

비디오폰 설치를 성공적으로 끝낸 후, 대문 옆 쪽문으로 나가 외부 시공 상황을 확인했다. 통신선과 전기공급선을 정리해 넣은 수납함(하이박스)을 기둥 하부에 피스로 고정한 후, 노출된 회색 선은 검정 전선관으로 감싸주었다. 외부에 노출된 전기선은 마모되면 전기가 낡아지는 경우가 있어 되도록 전선관 안에 넣어 시공해야 내구성을 높일 수 있다.

보통 비디오폰 시공에는 1시간 30분 남짓 걸린다고 하는데, 나의 경우에는 4시

간 정도 소요됐다. 시공자분은 오전 11시부터 시작해 점심도 안 드시고 작업을 계속하셨다. 중간에 벽면을 타공하는 작업이 추가되고, 대문과 거실과의 거리가 멀어 오가는 데 적지 않은 시간이 소요된 것이다. 이렇게 변수가 많은 상황에서도 시공자분은 짜증 한 번 내지 않고 묵묵히 일을 마무리했다. 처음 시공자를 찾으며 3곳에 연락을 했는데, 이분은 현장에 직접 방문해주시고 적극적으로 설명도 해주셨다. 역시 나의 판단이 틀리지 않았다는 뿌듯함이 들었다. 일만 잘하는 사람보다 일을 성실히 책임감 있게 하는 사람이 낫다는 생각을 다시 한번 하는 계기가 되었다.

비디오폰 시공은 집짓기의 마지막 단계였고, 운 좋게도 벽면 타공이 가능한 작업자가 현장에 있어 작업을 잘 마무리할 수 있었다. 자동문 마감도 원하는 수준으로 나와서 시공자와 기분 좋게 인사하고 헤어질 수 있었다.

건축물 콘셉트에 맞춘 펜스

펜스는 두 가지 종류로 시공했다. 도로와 접한 건축선 부분은 방부목 펜스로, 나머지는 금속펜스를 택했다. 방부목 펜스는 내부가 보이지 않아 사생활을 보호할 수 있다. 도로면을 따라 콘크리트 옹벽으로 기초를 세우고 그 위에 펜스를 설치했는데, 옹벽은 빗물이 경사진 도로를 타고 주택으로 들어오는 것을 막고 펜스 비용도 줄이는 효과가 있다. 도로 경사에 맞춰 옹벽도 계단식으로

펜스 옹벽 기초

두 번 정도 높이를 올려 시공했다. 나머지는 개방감 있는 금속펜스를 시공하고 안쪽으로 측백나무를 심어 조경공사를 진행했다. 건축물에도 펜스가 필요한 곳이 있었다. 계단과 층간 베란다, 낭떠러지 부분에 펜스를 시공했다.

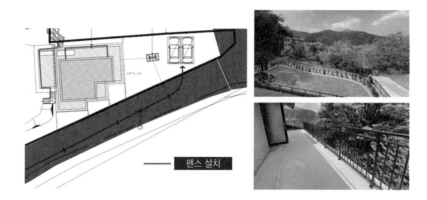

배수에 신경 쓴 보도블록 바닥

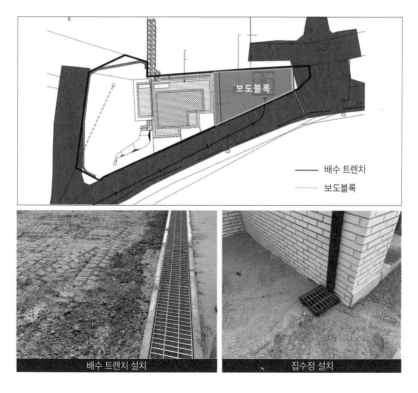

보도블록은 외관이 깔끔하고 투수성 블록으로 배수에 유리하다. 건축물이 경사진 땅에 자리하고 있어 빗물이 흘러들어오지 못하도록 신경을 많이 썼다. 원활한 배수를 위해 트렌치는 두 곳에 나누어 설치하고, 보도블록 사이에 시공되는 배수 트렌치는 최대한 디자인을 고려하여 홈이 작고 얇은 자재를 사용했다. 층간에 배수를 위한 홈통을 설치해 지상에 묻은 집수정으로 바로 빗물이 흘러가도록 했다. 보도블록과 배수로 작업에는 4일간 20여 명의 인력이 동원됐다.

경계석의 다양한 활용

나무와 꽃으로 자연 속 집을 연출하다

전원주택의 조경 중 가장 정성이 많이 드는 것이 식재공사다. 넓은 마당에 포인트로 황금측백, 옥향, 애나멜 골드 등을 심었다. 마당 펜스를 따라서는 측백과 화살나무를 심어 울타리 역할을 하도록 했다. 중간중간에는 단풍나무 4그루를 심어 다채로운 잎색으로 생동감 있는 자연을 느낄 수 있게 했다.

식물학적으로 3~4m 이하로 자라는 식물은 관목이라 하고 그 이상 자라는 식물을 교목이라고 한다. 식재공사를 하면서 햇빛을 받으면 잘 자라는 나무(양수)부터 그늘진 곳에서 잘 자라는 나무(음수)까지 수목의 분야도 상식적으로 배울수 있었다. 화살나무(Euonymus alatus)는 그늘에 강한 관목으로 가을 열매와 단풍잎이 멋져 생울타리로 인기가 높은 수종이다. 측백나무는 적절한 햇빛 아래서 잘 자라는 침엽수종이다. 이번에 식재한 황금측백은 여름에서 가을까지는 녹색이고, 겨울에는 갈색으로 변했다가 봄이 되면 다시 황금색으로 변한다. 측백류는 피톤치드를 발산해 사람의 심신 건강에도 도움이 된다고 알려져 있다. 옥향도 측백나무과의 상록침엽수로 배수가 잘 되는 땅에서 잘 자란다.

나무 구입은 공사 현장 근처 조경집에서 직접 했다. 측백나무, 영산홍, 화살나무, 옥향, 잔디 등을 구입하고 시공업자 2명을 소개받아 식재까지 마쳤다. 몇주 후 측백나무를 추가로 구매하려고 갔더니, 이미 품절된 상태였다. 주변 조경집에서도 모두 구할 수 없어서 대신 화살나무를 구해 심게 되었다. 조경공사를 계획한다면 사전에 넉넉한 양의 나무를 구해 식재할 것을 추천한다.

원래 땅에 있던 단풍나무 4그루는 그대로 두었다. 터파기부터 조경공사가 끝날 때까지 그 나무들은 묵묵하게 자리를 지키다 봄이 되니 새싹이 났다. 그리고 나서 어느새 잎이 붉게 물들기 시작했다.

	수목 종류	특징
1	단풍나무	단풍잎의 디체로운 색으로 조경수, 기로수로 사용된다
2	홍산홍	철쭉종으로 붉은색 꽃이 밝은 분위기를 연출한다
3	화살나무	생울타리 관목으로 가을 단풍으로 유명하다
4	측백나무	생울타리나 관상용으로 널리 사용된다
5	황금측백	황금색으로 관상용으로 좋다
6	옥향	정형적인 정원에 사용된다
7	에메랄드 골드	추위에 강하고 황금색이 포인트로 고급스럽다

영산홍으로 울타리 조성

단풍나무로 조경 연출

대문 옆 단풍나무

경계석 뒤의 측백과 화살나무

집을 지으면서 가장 아쉬웠던 점은 집 짓는 전 과정을 한눈에 찾을 수 있는 정보의 부재였다. 인터넷 카페, 블로그, 유튜브를 통해서는 여러 정보를 검색할 수 있지만, 대부분 건축공사의 일부분만 다룬 내용이고 토지매입부터 설계, 시공입자 찾기 등 직영시공의 전 과정을 알아보기에는 한계가 있있다. 심지어 직영공사는 건축주가 알고 있어야 할 정보가 많기 때문에 검색 후 다른 출처의 정보들과 또 비교하며 검증하는 데 상당한 시간을 할애했다.

필자는 직영공사를 위해 설계사, 세무사, 법무사, 시공업자 등을 만나 건축공사를 기획했고 책, 유튜브, 온라인 플랫폼 등을 통해 필요한 지식을 영역별로 찾아 개인 블로그에 정리하면서 건축에 대한 기초 지식을 쌓기 시작했다. 땅 매입에 필요한 지적도와 등기부등본을 이해하고 임장에 많은 시간을 투자했다. 인테리어 학원을 다니며 실내 건축업을 이해하고자 노력했고, 독학으로 3D 모델링과 설계도를 그리는 소프트웨어도 공부해 왔다.

직장에 다니는 사람이 많은 시간을 할애해 건축 공부를 하는 건 현실적으로 쉽지 않다. 나의 경우 건축에 대한 남다른 관심과 아파트 인테리어 공사를 하 얻게 된 자신감이 주택 신축까지 이어진 이상적인 경우일 수 있다. 집을 짓는 일은 수많은 변수와 싸워야 하는, 진입장벽이 높은 영역임은 부정할 수 없다. 그래서 나는 히말라야의 셰르파(Sherpa) 같은 든든한 조력자가 건축주 옆에 있 다면 좋겠다고 생각했다. 셰르파는 정상으로 가는 최적의 길을 안내하여 등반 가가 포기하지 않고 정상까지 가는 데 결정적인 역할을 한다. 직영공사도 건 축계획부터 준공까지 히말라야 정상을 올라가는 코스와 같다고 생각한다.

한 번도 집을 지은 적 없는 건축주는 집 짓기에 앞서 심리적으로 위축되고 낯 선 환경에 노출되어 평소와 달리 실수할 수 있다. 이때마다 셰르파 같은 조력 자가 나타나 최악의 상황을 예방하고 최적의 경로를 안내해준다면 큰 도움이 될 것이다. 이런 배경에서 직영공사를 앞둔 사람들에게 내가 겪었던 모든 경 험과 지식을 책으로 엮어 셰르파 같은 역할을 하고자 했다.

집짓기는 예상한 대로 어렵다. 땅 매입부터 준공까지 건축주가 해야 할 일이 엄청나게 많다. 특히 땅을 구하는 첫 번째 과정에 부단한 노력이 든다. 마음에 드는 땅이라도 부동산과 건축사사무소를 통해 건축이 가능한 토지인지 확인하는 과정이 필요하고, 서류상 문제가 없더라도 수도, 전기, 정화조 등의 인입공사가 가능한지 알아봐야 한다. 이러한 일련의 과정들이 건축을 모르는 일반인들 입장에서는 진입하기에는 너무 높은 벽처럼 느껴질 수 있다. 하지만, 땅 마련이라는 큰 고비를 넘기고 나면 건축은 충분히 새롭고 즐거운 경험이 될 수 있다. 내 집을 멋지게 지어줄 수 있는 실력 있는 시공자들은 많다. 공사 중 닥치는 문제들을 하나씩 해결해 나가는 성취감도 느낄 수 있다.

인생을 살면서 처음으로 100명이 넘는 사람들에게 일을 지시하는 입장이 되어보았다. 책임감은 나름 있었지만, 집이 완성되는 과정을 지켜보며 살아오면서 느껴보지 못한 희열을 느꼈다. 사진이나 영상으로만 보던 거대한 장비들이 눈앞에서 움직이고 시공자들이 뚝딱 형태를 만들어가는 모습을 보며 그때 느낀 순간의 감정을 최대한 기록하고자 매일 밤 공사일지를 기록했다. 공사일지 속 사진들을 보며 아쉬웠던 부분과 인상적이었던 장면, 그 속에서 즐거웠던 나를 회상한다.

집을 짓고 깨달은 인생철학

노력하면 안 되는 것이 없다

건축은 로켓 사이언스처럼 복잡한 분야가 아니라 관심과 실행력만 있으면 누구나 할 수 있다. 심지어 자기 가족을 위해 집을 짓는 일인 만큼 즐겁게 임할 수 있다. 저자도 건축과 전혀 관련이 없는 분야에서 살아왔다. 더 많은 공부가 필요했고, 전문가의 도움이 절실했다. 공사 현장에서 시공자들과 소통할 때 그들이 사용하는 단어를 이해하지 못해 적잖게 시행착오도 겪었다. 결국 건축 용어와 외래어 등을 A4 10장으로 만들어 인쇄해 갖고 다니며 열심히 외웠다. 공사 마지막 단계인 조경공사 중 한 시공자가 현관문 주변 외장재가 멋지다며 어떻게 시공했냐고 물었다.

"합판으로 하지 작업 후 클립형으로 외장재를 고정해 시공했습니다."

나름 전문가다운 답변을 했다는 생각에 스스로 뿌듯했던 기억이 있다. 이처럼 집 짓기는 시간을 투자해서 노력한다면 좋은 시공업자를 찾을 확률을 높일 수 있고, 스스로도 전문성이 생기기 때문에 누구나 충분히 할 수 있다고 말하는 것이다.

실수와 변수를 최소화해야 한다

습관적으로 무슨 일을 할 때마다 최악의 시나리오를 동시에 생각한다. 저자의 설계부터 준공까지의 이야기를 보면 공통적으로 주장하는 지론이 있다. 바로 예상치 못한 실수와 변수를 최소화하여 목표한 대로 일을 진행시키자는 것이다. 설계를 변경하고 싶을 땐 건축사사무소에 전화해서 변경 가능 여부를 항상 물어서 진행하고, 시공 스케줄 변동을 최소화하기 위해 수십 번 현장 작업자들과 연락하면서 시공범위를 상황에 맞춰 조율했다. 때에 따라서는 목공업자에게 외장재 시공을 맡겼고, 조경업자에게 인테리어 타공을 부탁하기도 했다. 집을 제대로 짓겠다는 생각만 골몰하지 않고 직접 실행에 옮기는 노력을 하니 공사 기간 중 걱정했던 최악의 시나리오를 피할 수 있었다.

나는 토지매입, 설계, 시공, 세금, 산업재해 등 집을 지으면서 발생할 수 있는 모든 경우의 수를 고려해 항상 플랜 B를 준비했다. 예를 들어, 공인중개사가 매물에 대해 정확하게 모르는 내용이 있으면 다른 공인중개사에게 물어봐 정확한 정보를 얻으려고 노력했다. 토지 매입은 집 짓는 과정 중에 가장 중요하기 때문에 발품을 팔고 여러 사람의 의견을 들어 정확하게 알아야 착오를 줄일 수 있다. 인터폰 시공자가 비디오폰과 카메라 초인종을 설치하는데 전선관에 물린 체결부품이 헛돌아 어려움이 겪었던 일이 있었다. 이를 보고 조경공사를 하던 분이 칼로 전선관을 잘라 체결부품을 빼내라고 제안해 정말 간단하게 해결한 적이 있다. 모르는 문제가 있다면 물어 보는 것이 문제 해결 방법의 기본이다.

회사를 운영하듯 계획적으로 준비해라

직영공사는 건축주가 건설 시공사를 운영하는 것과 비슷하다. 집을 짓기 위해서 시공회사는 실시설계, 자재 소요량 산출, 시공자 구성, 시공 스케줄, 비용 집행, 자재 조달 등의 업무를 한다. 직영공사는 건축주가 여기에 건축비까지 마련하고 관리까지 해야 한다. 따라서 이 모든 책임이 건축주에게 있다. 해야 할 일이 너무 많다고 어느 것 하나 소홀했다가는 작은 실수가 눈덩이처럼 커져 돌이킬 수 없는 피해를 입을 수 있다. 집을 짓기 전에 할 일, 공사 중 할 일, 그리고 공사 후 할 일을 항상 생각하는 데 시간을 투자해야 그만큼 좋은 집이 나올 수 있다.

집을 지어본 경험이 없는 사람이 완벽한 집을 짓겠다고 욕심을 부리면 잘 될 일도 그릇될 가능성이 높다. 그 자신도 심리적 부담감으로 스트레스를 얻을 확률이 높다. 처음 집을 지을 때는 모든 면에서 완벽한 집을 꿈꾸기보다는 웃풍 없고 물 안 새는 튼튼한 집만 지어도 성공한 것이라 생각한다. 공사를 해보니 치명적인 하자를 예방하는 데만도 상당한 노력과 시간이 필요하다. 나중에 큰 비용 들이지 않고 손 볼 수 있는 부분들은 마음 편히 후순위로 두고 공사에 임하는 것이 좋다. 이렇게 우선 순위를 정하면 건축주는 정말 중요한 부분에 더 집중할 수 있기에 기대보다 더 완성도 높은 집을 지을 수 있게 된다.

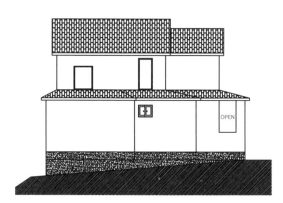

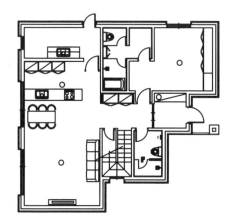

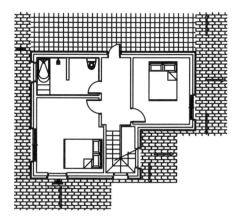

HOUSE PLAN

대지위치 ≫ 경기도 양평군

대지면적 ≫ 702㎡(212.73평)

건물규모 ≫ 지상 2층

거주인원 ≫ 4인(부부 + 자녀 2)

건축면적 ≫ 138.20㎡(41.88평)

연면적 ≫ 199.97㎡(60.6평)

건폐율 ≫ 19.69%

용적률 ≫ 28.49%

주차대수 ≫ 2대

최고높이 ≫ 8.87m

구조 ≫ 기초 - 철근콘크리트 매트 / 지상 - 철근콘크리트

단열재 ≫ 외벽 -135T 비드법 2종 1호 / 지붕 - 220T 비드법 2종 1호, / 바닥 - 135T 비드법 2종 1호

외부마감재 ≫ 외벽 - 롱브릭 / 지붕 - 평기와

창호재 ≫ KCC 24T + 로이 이중창

에너지원 ≫ 도시가스

인테리어 ≫ 정담 백소담

구조설계 ≫ 한결건축사사무소

설계 ≫ 한결건축사사무소

시공 ≫ 건축주 직영

INTERIOR SOURCE

내부마감재 ≫ 벽 - LX Z:IN 실크벽지 / 바닥 - 강마루

욕실 및 주방 타일 ≫ 이태리 수입타일

수전 등 욕실기 ≫ 대림

주방 가구 ≫ 제가구

조명 ≫ 건축주 직접 구매

계단재·난간 ≫ 멀바우 목재

현관문 ≫ 에이보

문 ≫ 예림도어

데크재 ≫ 합성목재

쿠팡에서 자재 사고
인스타로 목수 찾고

전원주택
직영공사
성공기

초판 1쇄 발행	2022년 12월 2일
저자	제임스 박(James Park) & 백소담
발행인	이 심
편집인	임병기
책임편집	이세정
표지 디자인	유정화
본문 디자인	이현수
마케팅	서병찬, 김진평
총판	장성진
관리	이미경

출력	㈜삼보프로세스
인쇄	북스
용지	영은페이퍼(주)

발행처	㈜주택문화사
출판등록번호	제13-177호
주소	서울시 강서구 강서로 466 우리벤처타운 6층
전화	02-2664-7114
팩스	02-2662-0847
홈페이지	www.uujj.co.kr

정가 20,000원
ISBN 978-89-6603-066-8